SECRET OF
CREAM

SECRET OF 크림의 비밀
CREAM

이민철 · 김이슬 지음

BnCworld

LEE MINCHUL
Ecole Lenôtre

에꼴 르노뜨르 이민철

프랑스 유학 시절, 처음 에꼴 르노뜨르 강사 자리를 제안받고 많은 고민에 빠졌었습니다. '나에게 그럴 만한 능력이 있을까? 과연 누군가를 가르칠 수 있을까?' 이러한 궁금증들을 해소하고 부족함을 채워가며, 걷기보다는 뛰며 13년의 세월이 흘렀습니다. 수많은 학생을 만나고 그들과 다양한 경험을 하면서 저 또한 배우고 성장할 수 있었지요.

에꼴 르노뜨르의 강사로 활동하면서 제 마음속에 품게 된 꿈이 하나 있습니다. 그것은 바로 제가 가르친 1%의 학생들이 한국을 대표하는 글로벌 셰프로 성장해 우리가 하는 일에 대한 인식을 변화시키고 나아가 우리가 사용하는 재료나 도구 등을 세계에 알릴 수 있으면 좋겠다는 것입니다. 막연했던 제 소망은 어느덧 현실이 되어가고 있습니다. 이러한 모습들을 보면서 뿌듯하고 자랑스러운 마음이 드는 동시에 제과인으로서 막중한 책임감을 느낍니다.

제과 교육 현장에 있다 보면 디저트를 만들 때 행복하다는 학생들을 많이 봅니다. 디저트는 행복을 나누는 수단입니다. 디저트를 떠올리면 자연스럽게 입꼬리가 올라갑니다.

『Secret of Cream:크림의 비밀』은 여러분의 머릿속에 있는 달콤하고 행복한 상상을 실현해주는 책입니다. 제과를 처음 시작하는 사람들이 흔히 갖는 궁금증을 해소하고 시간과 경험을 통해서만 얻을 수 있는 다양한 노하우를 보다 쉽게 이해할 수 있도록 설명했습니다. 크림에 대한 기본기를 무엇보다 강조했으며 초보자부터 전문가까지 폭넓은 대상을 생각하며 하나하나 정리했습니다. 이제 막 제과를 시작하는 사람, 전문가가 되고 싶은 사람, 폭신하고 부드럽고 매끄러운 크림을 알고 싶고 만들고 싶은 모든 사람에게 추천합니다.

이 책을 완성할 수 있도록 응원해 주신 많은 분에게 감사드리고 특히 사랑하는 가족과 물심양면으로 도움을 준 에꼴 르노뜨르 48기 강성아님, 49기 유지나님, 50기 김진우님에게 깊은 감사를 드립니다.

KIM ISEUL

크레마주 제과 스튜디오 김이슬 Crémage Pastry Studio

우리 곁에는 익숙하지만 다루기 쉽지 않은 것들이 있습니다. 처음 제과에 입문했을 때부터 꽤 오랜 시간 동안 저에게 크림이라는 것이 그러했지요.

기쁜 날마다 늘 함께했던 생크림 케이크를 처음 제 손으로 만들었을 때 아무리 휘저어도 단단해지지 않던 미지근한 생크림이 그러했고, 쉴 새 없이 저어야 만들어지던 파티시에 크림도, 온도가 맞지 않아 다 녹아 사라져버린 버터 크림도 어느 것 하나 쉬운 것이 없었습니다. 이런 크고 작은 크림에 대한 실패는 저에게 많은 고민과 경험을 안겨주었고 이 책을 준비할 수 있는 바탕을 마련해주었습니다.

나날이 빠르게 변하고 있는 제과업계는 더욱 새롭고 다양한 것을 추구하지만 모든 새로운 것은 탄탄한 기초에서 비롯된다는 것을 우리 모두 알고 있습니다.

이 책은 제과에서 사용하는 기초적인 크림을 깊이 있게 다루고 있습니다. 각각의 크림이 지닌 특성을 기반으로 다채롭게 풀어낸 제품과 크림에 얽힌 흥미로운 이야기를 나누고 있으며 무엇보다 크림을 '잘' 만들 수 있는 효과적인 방법을 제시하고 있습니다.

여러분들이 『Secret of Cream:크림의 비밀』을 통해 제과에서의 크림의 역할을 이해하고 쉽게 지나쳐버린 크림의 맛과 표현에 대해 한층 더 깊이 생각할 수 있게 된다면 저는 매우 행복할 것입니다. 새로운 크림을 만들고 싶을 때, 원하는 질감의 크림이 만들어지지 않거나 남은 크림의 보관법이 궁금할 때, 그 밖에 크림에 대해 고민하는 수많은 순간마다 이 책이 그것을 해결하는 데 작은 보탬이 되길 바랍니다.

긴 시간 동안 크림의 비밀을 함께 연구하며 열심히 달려온 이민철 셰프님과 비앤씨월드에 진심으로 감사드리며 도움을 주신 스태프, 그리고 제과제빵을 사랑하며 꾸준히 자신의 길을 걸어가고 있는 모든 분들께 존경과 감사의 마음을 전합니다.

CONTENTS

프롤로그 · 004

BASIC CREAM

크렘 샹티이 Crème Chantilly · 010
크렘 샹티이 만들기 · 012
생크림 휘핑 정도에 따른 차이 · 014
About 크렘 샹티이 · 016
대표 제품
바닐라 살구 바바 · 018
응용 제품
플뢰르 드 네주 · 021
복숭아 파블로바 · 024

크렘 파티시에르 Crème Pâtissière · 026
크렘 파티시에르 만들기 · 028
About 크렘 파티시에르 · 030
대표 제품
커피 헐리지유즈 · 032
응용 제품
기와 에클레르 · 035
바닐라 플랑 · 038

크렘 앙글레즈 Crème Anglaise · 040
크렘 앙글레즈 만들기 · 042
About 크렘 앙글레즈 · 044
대표 제품
위스키&초콜릿 퐁당 · 046
응용 제품
카푸치노 · 048
크렘 브륄레 · 052

크렘 오 뵈르 아 라 머랭그 이탈리엔느 · 054
Crème au Beurre à la Meringue Italienne
크렘 오 뵈르 아 라 머랭그 이탈리엔느 만들기 · 056
About 크렘 오 뵈르 아 라 머랭그 이탈리엔느 · 058
대표 제품
모카 케이크 · 060
응용 제품
캐러멜 버터 살레 케이크 · 062
프랑부아즈 레이어 케이크 · 064

크렘 오 뵈르 아 라 파트 아 봄브 · 066
Crème au Beurre à la Pâte à Bombe
크렘 오 뵈르 아 라 파트 아 봄브 만들기 · 068
About 크렘 오 뵈르 아 라 파트 아 봄브 · 070
대표 제품
파리 브레스트 · 072
응용 제품
녹차 잎 시가 · 076
콤 피스타슈 · 078

크렘 오 뵈르 아 라 크렘 앙글레즈 · 080
Crème au Beurre à la Crème Anglaise
크렘 오 뵈르 아 라 크렘 앙글레즈 만들기 · 082
About 크렘 오 뵈르 아 라 크렘 앙글레즈 · 084
대표 제품
오페라 · 086
응용 제품
붉은 과일&홍차 마카롱 · 090
아몬드 쉭세 · 092

크렘 다망드 Crème d'Amande · 094
크렘 다망드 만들기 · 096
About 크렘 다망드 · 098
대표 제품
갈레트 데 루아 · 100
응용 제품
밤 파이 · 103
자몽 타르틀레트 · 106

크렘 가나슈 Crème Ganache · 110
크렘 가나슈 만들기 · 112
커버처초콜릿 · 114
About 크렘 가나슈 · 116
대표 제품
크로캉 초콜릿 케이크 · 118
응용 제품
르 통카 · 120
밤 오페라 · 123

ADVANCED CREAM

크렘 디플로마트 Crème Diplomate • 128
크렘 디플로마트 만들기 • 130
About 크렘 디플로마트 • 132
대표 제품
복숭아 생토노레 • 134
응용 제품
바닐라&헤이즐넛 타르틀레트 • 137
체리 밀푀유 • 140
코코 파인 • 143

크렘 무슬린 Crème Mousseline • 146
크렘 무슬린 만들기 • 148
About 크렘 무슬린 • 150
대표 제품
프레지에 • 152
응용 제품
밀푀유 타탱 • 155
오 몰레 • 158

크렘 프랑지판 Crème Frangipane • 162
크렘 프랑지판 만들기 • 164
About 크렘 프랑지판 • 166
대표 제품
서양배 타르트 • 168
응용 제품
몽블랑 타르틀레트 • 171
가토 바스크 • 174

크렘 크레뫼 Crème Crémeux • 176
크렘 크레뫼 만들기 • 178
About 크렘 크레뫼 • 180
대표 제품
쇼-캐러멜 • 182
응용 제품
오리엔탈 초콜릿 타르틀레트 • 186
유자&헤이즐넛 베린 • 190

크렘 무스 Crème Mousse • 194
크렘 무스, 크렘 바바루아, 크렘 팍페 만들기 • 196
젤라틴 • 202
펙틴 • 203
About 크렘 무스, 크렘 바바루아, 크렘 팍페 • 204
대표 제품
붉은 과일 샤를로트 • 206
응용 제품
피앙사유 • 209
키르슈 딸기 베린 • 212
아브리코 • 214
제주 베린 • 216

크렘 시부스트 Crème Chiboust • 220
크렘 시부스트 만들기 • 222
About 크렘 시부스트 / 머랭 3종 비교 • 224
응용 제품
피칸 오렌지 시부스트 타르틀레트 • 226

크렘 오 시트롱 Crème au Citron • 230
크렘 오 시트롱 만들기 • 232
About 크렘 오 시트롱 • 234
대표 제품
레몬 타르틀레트 • 236

SUPPLEMENT

한눈에 보는 크림 도표 • 240
크림 응용법 • 242

BASIC CREAM

Crème Chantilly
크렘 샹티이

Crème Pâtissière
크렘 파티시에르

Crème Anglaise
크렘 앙글레즈

Crème au Beurre 1
크렘 오 뵈르 아 라 머랭그 이탈리엔느

Crème au Beurre 2
크렘 오 뵈르 아 라 파트 아 봄브

Crème au Beurre 3
크렘 오 뵈르 아 라 크렘 앙글레즈

Crème d'Amande
크렘 다망드

Crème Ganache
크렘 가나슈

CRÈME CHANTILLY

크렘 샹티이

새하얀 생크림과 설탕을 함께 휘핑해 완성하는 크렘 샹티이(Crème Chantilly). 17세기 호텔 푸케(Hotel Fouquet)의 셰프였던 바텔(Vatel)에 의해 처음 만들어졌다고 전해진다. 크렘 샹티이(샹티이 크림)는 케이크 시트 사이나 표면에 바르기도 하고 짤주머니 등에 담아 짜서 사용하는 것이 일반적이다. 한편, 설탕을 넣지 않고 생크림만을 휘핑한 것을 크렘 푸에테(Crème Fouettée)라고 하는데 이는 단독으로 사용하기보다는 바바루아, 무스, 가나슈 등 다른 크림에 섞어 크림의 전체적인 맛을 한층 부드럽게 만드는 용도로 사용한다.

MAKE 크렘 샹티이 만들기

준비하기

- 스테인리스 재질의 볼과 거품기를 준비한다.
  거품기의 크기는 사용하는 볼의 지름 정도 되는 것이 알맞다.
- 작업 환경과 생크림의 온도를 차갑게 유지한다.(생크림의 온도: 3~5℃)

포인트

- 생크림 속 유지방은 열에 약하므로 상온의 생크림은 휘핑한 뒤 분리 현상이 일어나기 쉽다.
  5℃ 이하에서 보관한 차가운 생크림을 사용하고 휘핑할 때에도 10℃ 이하로 유지하도록 한다.
- 생크림은 거품기로 돌리거나 흔들면서 치듯이 섞어 공기 포집을 한다.
- 유지방은 지방구의 상태로 수분과 섞여 있는데 너무 많이 휘저으면 지방구가 응집돼
  수분과 분리되고, 퍼석퍼석한 질감이 되므로 주의한다.
- 생크림의 양이 많은 경우 휘핑 도중 크림의 온도가 높아지지 않도록 얼음물에 받쳐 작업한다.
- 설탕은 사용 목적에 따라 전체 생크림 양의 5~10%를 더하며 풍미를 위해 리큐르를 넣기도 한다.

보관법

- 완성한 다음 바로 사용하는 것이 가장 좋다.
  다 사용하지 못한 크림은 냉장고에서 최대 24시간 동안 보관할 수 있다.

*

크림 종류에 따른 차이 – 제조사에 따라 다를 수 있음

	식물성크림	멸균크림	생크림
주원료	식물성 유지, 당류, 인공 향료	유크림(우유), 안정제	유크림(우유)
유통기한	냉동에서 약 12개월	냉장에서 1개월 이상	냉장에서 약 7일
보관법	제품에 따라 상이	냉장 보관	냉장 보관
유지방 함량	-	35~45%(국내 유통 기준)	36~41%(국내 유통 기준)
색	흰색	미색	상아색
맛	가볍고 산뜻한 맛	농후한 분유 맛	신선하고 고소한 우유 맛
안전성	매우 좋음	좋음	민감함

1
2 3

CRÈME CHANTILLY 크렘 샹티이

재료

생크림 200g
설탕 20g

만드는 방법

1 볼에 생크림, 설탕을 넣고 섞는다.
2 원하는 텍스처가 될 때까지 거품기로 휘핑한다.
3 완성된 크렘 샹티이.

WHIPPING 생크림 휘핑 정도에 따른 차이

크렘 샹티이는 사용하는 용도에 따라 휘핑의 정도를 달리한다. 휘핑 정도는 휘핑된 크림 표면에 나타난 거품기의 무늬, 또는 거품기 살에 묻은 크림의 양과 상태로 확인할 수 있다. 휘핑 상태는 아래와 같이 %로 구분한다.

휘핑 상태

20~30%

농도가 매우 낮아 거품기로 뜨면 바로 얇은 줄 형태로 주르륵 흐른다.
용도 소스

휘핑 상태

50~60%

농도가 낮아 거품기로 뜨면 이내 흐른다. 거품기 살에 크림이 살짝 묻어있는 상태.
용도 바바루아, 무스 등 다른 크림에 섞을 때

휘핑 상태

60~70%

농도가 생겨 거품기로 크림을 뜰 수 있다. 거품기 끝에 뿔이 부드럽게 서며 약간 단단한 상태다. 크림을 케이크에 얹으면 옆으로 살짝 퍼진다.
용도 케이크에 아이싱할 때

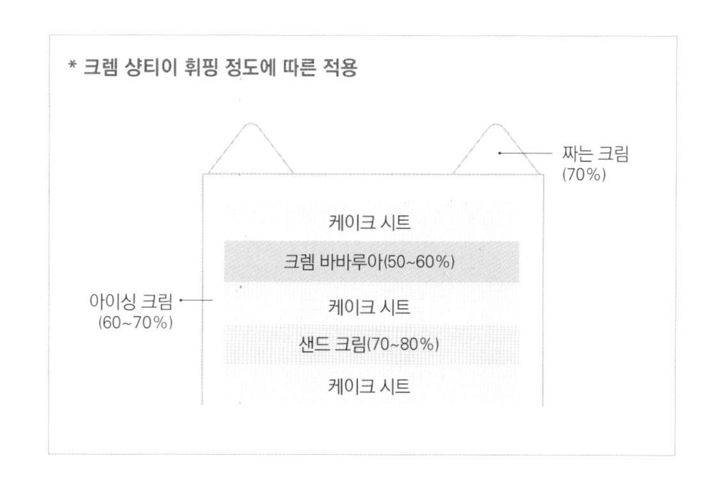

휘핑 상태

70%

거품기로 크림을 충분히 뜰 수 있다. 거품기 끝에 뾰족하게 뿔이 선다. 부드럽게 아래로 곡선을 그리며 떨어진 크림의 모양이 쉽게 없어지지 않고 매끄럽다.
용도 짤주머니 등에 넣어 짤 때

휘핑 상태

70~80%

거품기로 크림을 뜨면 많이 떠진다. 거품기 끝에 묻은 크림의 형태가 쉽게 사라지지 않고 단단하며 살짝 거친 질감을 보인다.
용도 케이크 시트 사이에 넣고 샌드할 때, 크림의 모양을 잘 보여주고 싶을 때

휘핑 상태

90%

크림의 텍스처가 상당히 거칠고 이수 현상이 일어나 분리 현상이 나타나기 시작한다. 생크림의 온도가 높으면 이런 현상이 쉽게 생긴다. 일반적으로 90%까지 휘핑한 크림은 잘 사용하지 않는다.

ABOUT 크렘 샹티이

생크림의 휘핑 원리가 궁금해요.

생크림 속에 있는 지방구는 피막에 둘러싸여 작은 입자의 형태로 수분에 분산돼 있습니다. 거품기로 크림을 젓게 되면 크림 안에 작은 기포들이 생겨나고 지방구들이 서로 충돌하면서 지방구를 보호하고 있는 막이 파괴되기 시작해요. 이때 깨진 지방구끼리 서로 뭉쳐지면서 기포들을 둘러싸 그물 모양의 골격이 만들어지고 거품이 생기게 됩니다.

어떤 생크림을 사용하는 것이 좋나요?

생크림은 100% 유크림을 원료로 해 파스퇴르 살균법으로 처리한 제품을 일컫습니다. 지방 함량에 따라 35~50%까지 다양한 제품이 제조되지요. 지방 함량이 높을수록 지방구가 많아 휘핑하면 쉽게 크림의 형태가 만들어지고 단단하며 무거운 텍스처를 띱니다. 반대로 지방 함량이 낮을수록 신선한 우유 맛이 나고 텍스처도 가벼워요. 일반적으로 현재 시판되는 생크림의 지방 함량은 35% 내외인데 용도, 표현하고 싶은 맛에 따라 적절히 선택하면 됩니다. 단, 유지방의 양이 충분하지 못하면 기포가 불안정해져 크림의 형태가 잘 유지되지 않으므로 최소 유지방 함량이 30% 이상인 생크림을 사용하길 바랍니다.

설탕은 어느 정도 넣는 것이 적당한가요?

크렘 샹티이를 만들 때는 일반적으로 생크림 양의 5~10% 정도의 설탕을 넣습니다. 이유는 맛을 고려했을 때 이 정도가 적당하기 때문입니다. 이 비율보다 설탕을 더 많이 넣으면 크림 속에 공기가 포집되기 어려워 크림의 형태가 제대로 잡히지 않고 무너지기 쉽습니다.

식물성크림 생크림 멸균크림

언제 설탕을 넣는 것이 좋은가요?

크림에 설탕 입자가 충분히 녹아야 하므로 설탕을 넣는 시점은 설탕의 종류에 따라 달라집니다. 현재 국내에서는 미분당, 가는 정백당, 정백당이 판매되는데 그 굵기와 양에 따라 넣는 시점을 판단하면 됩니다. 예를 들어 입자가 굵은 정백당을 사용할 경우 쉽게 녹지 않으므로 처음부터 크림과 함께 넣고 휘핑하는 것이 좋습니다. 반면 입자가 고운 미분당은 바로 크림에 녹기 때문에 어느 정도 크림을 휘핑한 다음 넣을 것을 추천합니다.

BABA aux Vanilles et Abricots 바닐라 살구 바바

지름 6.5㎝, 높이 4㎝ 미니 구겔호프 틀 12개 분량

A 바바 시럽

설탕 460g, 물 1040g
오렌지 제스트 2개 분량
레몬 제스트 2개 분량
바닐라 빈 2개
바닐라 리큐르 160g

B 바바 반죽

우유 125g, 이스트 15g
강력분A 90g, 강력분B 410g
소금 10g, 설탕 55g
바닐라 설탕 5g, 달걀 250g
버터 150g

C 살구 콩포트

설탕 100g, 펙틴 NH 6g
살구 퓌레 200g

A 바바 시럽

1 냄비에 설탕, 물을 넣고 끓여 시럽을 만든다.
2 오렌지 제스트, 레몬 제스트, 바닐라 빈의 씨와 깍지를 넣고 24시간 동안 향을 우린다.
3 바닐라 리큐르를 넣고 섞는다.

B 바바 반죽

1 볼에 25℃까지 데운 우유, 이스트를 넣고 푼 다음 강력분A를 넣고 섞는다.
2 랩으로 감싸 상온에서 1시간 동안 발효시킨다.
3 믹서볼에 ②와 버터를 제외한 나머지 재료를 넣고 1단 3분, 2단 5분 동안 믹싱한다.
• 바닐라 설탕은 사용하고 깨끗하게 세척해 건조시킨 바닐라 빈 껍질 30g, 설탕 70g을 분쇄기에 넣고 곱게 갈아 만든다.
4 1㎝ 크기의 큐브 모양으로 자른 버터를 넣고 1단에서 버터가 다 섞일 때까지 믹싱한다.
5 상온에서 1시간 동안 1차 발효시킨다.
6 40g씩 분할해 둥글리기 한 다음 지름 6.5㎝, 높이 4cm 크기의 미니 구겔호프 틀에 넣고 상온에서 30분 동안 2차 발효시킨다.
• 반죽이 틀 높이까지 올라오면 발효가 완성된 것이다.
7 180℃ 컨벡션 오븐에서 15분 동안 굽는다.
• 데크 오븐일 경우 윗불 200℃, 아랫불 180℃에서 15~20분 동안 굽는다.
• 구움색이 진해질 때까지 굽는다.
8 틀에서 빼 냉동고에서 보관한다.

C 살구 콩포트

1 설탕 1/5과 펙틴 NH를 섞는다.
2 냄비에 살구 퓌레, 나머지 설탕을 넣고 데운다.
3 ①을 ②에 넣고 85℃까지 가열한 뒤 식힌다.
4 사용하기 전 핸드블렌더로 간다.

D 샹티이 크림

생크림 500g, 마스카르포네 100g
설탕 50g, 바닐라 빈 1개

E 살구 나파주(스프레이용)

살구 나파주 200g, 물 50g
물엿 50g

D 샹티이 크림

1 믹서볼에 생크림, 마스카르포네, 설탕, 바닐라 빈의 씨를 넣고 80%까지 휘핑한다.
- 바닐라 빈은 바닐라 농축액 5g으로 대체 가능하다.
- 저속에서 휘핑하면 생크림 속에 기포가 조밀하게 만들어져 보다 안정적인 크림을 완성할 수 있다. 하지만 용량, 시간, 작업 환경 등을 고려해 속도를 조절하도록 한다.

E 살구 나파주

1 냄비에 모든 재료를 넣고 끓인다.

마무리

1 B(바바 반죽)를 A(바바 시럽)에 하룻밤 동안 담근다.
- 차가운 상태의 시럽에 얼린 바바를 담그고 랩으로 감싼 뒤 상온에 둔다.

2 그릴에 받쳐 시럽을 제거하고 냉장고에서 보관한다.

3 E(살구 나파주)를 80℃까지 데워 스프레이 건에 넣고 ②의 겉면에 얇게 분사한다.
- 붓으로 발라도 무방하다.

4 바바의 가운데에 짤주머니에 넣은 C(살구 콩포트)를 짜 넣는다.

5 별 모양깍지를 낀 짤주머니에 D(샹티이 크림)를 넣고 윗면에 돌려 짠다.

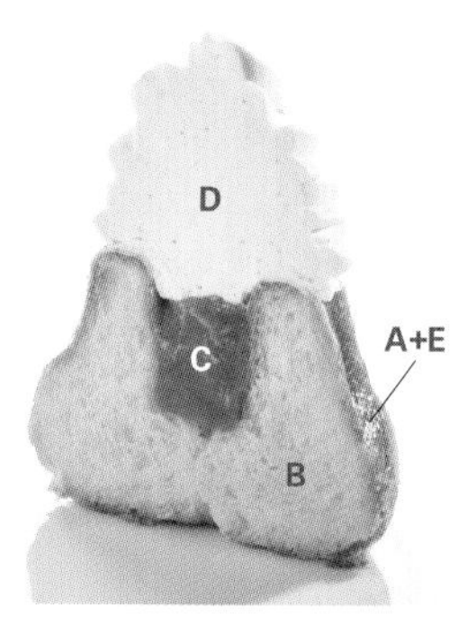

A 바바 시럽
B 바바 반죽
C 살구 콩포트
D 샹티이 크림
E 살구 나파주

FLEUR
de Neige 플뢰르 드 네주

지름 7㎝ 반구형 실리콘 몰드 10개 분량

A 프렌치 머랭
흰자 100g, 설탕 100g
미분당 100g

B 샹티이 크림
생크림 500g, 트리몰린 30g
판젤라틴 4g, 쿠앵트로 5g

C 밤 샹티이 크림
생크림 250g, 밤 페이스트 125g
판젤라틴 2g, 바닐라 농축액 3g
럼 4g, 마롱 글라세 적당량

D 베르가모트 만다린 콩포트
만다린 퓌레 105g
베르가모트 퓌레 45g
설탕 34g, 펙틴 NH 3g

A 프렌치 머랭

1 흰자에 설탕을 조금씩 나누어 넣으면서 단단하게 휘핑한다.
2 체 친 미분당을 넣고 고무 주걱으로 섞는다.
3 원형 모양깍지를 낀 짤주머니에 넣고, 지름 7㎝ 반구형 실리콘 몰드에 짠 다음 스푼을 이용해 일정한 두께의 반구 모양으로 만든다.
4 70℃ 컨벡션 오븐에서 2시간 30분 동안 굽는다.

B 샹티이 크림

1 냄비에 생크림, 트리몰린을 넣고 끓인다.
2 찬물에 불려 물기를 제거한 판젤라틴을 넣고 녹인 다음 표면에 랩을 밀착시키고 감싸 냉장고에서 12시간 동안 휴지시킨다.
3 쿠앵트로를 넣고 80%까지 휘핑한다.

C 밤 샹티이 크림

1 볼에 생크림 70g, 밤 페이스트를 넣고 거품기로 풀어가며 중탕으로 데운다.
2 찬물에 불려 물기를 제거한 판젤라틴을 넣고 녹인다.
3 남은 차가운 상태의 생크림을 조금씩 나누어 넣으면서 섞는다.
4 바닐라 농축액, 럼을 넣고 거품기로 80%까지 휘핑한 다음 작게 자른 마롱 글라세를 넣고 섞는다.
5 지름 5㎝ 반구형 실리콘 몰드에 넣고 냉동고에서 굳힌다.

D 베르가모트 만다린 콩포트

1 냄비에 만다린 퓌레, 베르가모트 퓌레를 넣고 가열한다.
2 40℃가 되면 설탕과 펙틴 NH를 함께 섞어 ①에 넣고 거품기로 섞는다.
3 2분 동안 저어가며 끓인 뒤 식힌다.
4 핸드블렌더로 간다.

E 화이트 피스톨레

화이트초콜릿 100g
카카오버터 100g

마무리

카카오버터 적당량
화이트초콜릿 디스크 적당량
식용 은분 적당량
머랭 장식물 적당량
식용 은박 적당량

E 화이트 피스톨레

1 볼에 모든 재료를 넣고 중탕으로 녹인다.

마무리

1 몰드에서 뺀 A(프렌치 머랭)의 안쪽에 녹인 카카오버터를 얇게 바른다.
2 짤주머니에 B(샹티이 크림), D(베르가모트 만다린 콩포트)를 각각 넣고 A(프렌치 머랭)의 안쪽에 차례대로 짜 넣는다.
3 윗면을 평평하게 정리해 냉동고에서 굳힌다.
4 화이트초콜릿 디스크의 가운데에 몰드에서 뺀 C(밤 샹티이 크림)를 올린다.
5 짤주머니의 끝을 V자형으로 잘라 남은 B(샹티이 크림)를 넣은 다음 ④에 돌려가며 짠다.
6 겉면에 40℃의 E(화이트 피스톨레)를 분사하고 ③의 윗면에 올려 고정시킨다.
7 식용 은분을 뿌리고 머랭 장식물, 식용 은박으로 장식한다.

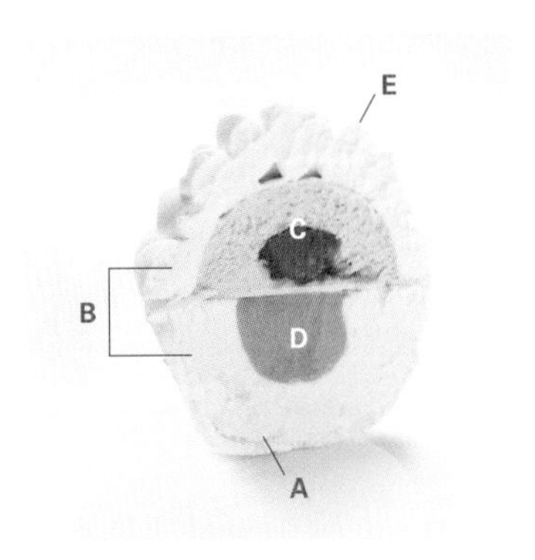

A 프렌치 머랭
B 샹티이 크림
C 밤 샹티이 크림
D 베르가모트 만다린 콩포트
E 화이트 피스톨레

PAVLOVA
aux Pêches 복숭아 파블로바

지름 16㎝, 원형 4개 분량

A 프렌치 머랭
흰자 100g
설탕 100g
미분당 100g

B 샹티이 크림
생크림 500g
마스카르포네 50g
설탕 50g
쿠앵트로 10g

마무리
천도복숭아 2개
라임 1개
머랭 장식물 적당량
식용 금박 적당량
데코스노우 적당량

A 프렌치 머랭

1 믹서볼에 흰자를 넣고 휘핑하다가 설탕을 2회에 걸쳐 나눠 넣으면서 휘핑해 단단한 머랭을 만든다.
2 체 친 미분당을 넣고 고무 주걱으로 부드럽게 섞는다.
3 지름 1㎝ 원형 모양깍지를 낀 짤주머니에 넣고 실리콘 페이퍼를 깐 철팬에 지름 16㎝ 크기 원형으로 돌려 짠다.
- 남은 머랭은 물방울 모양으로 짜 장식으로 사용한다.

4 100℃ 컨벡션 오븐에서 댐퍼를 열고 1시간 30분 동안 굽는다.
- 데크 오븐일 경우 윗불 100℃, 아랫불 80℃ 오븐에서 댐퍼를 열고 1시간 30분 동안 굽는다.

5 실리콘 페이퍼에서 떼 건조한 곳에서 보관한다.

B 샹티이 크림

1 믹서볼에 생크림, 마스카르포네, 설탕을 넣고 70%까지 휘핑한다.
2 쿠앵트로를 넣고 섞는다.

마무리

1 A(프렌치 머랭)를 뒤집어 위쪽에 B(샹티이 크림)를 짠다.
2 슬라이스 한 천도복숭아 과육을 올리고 라임 제스트를 뿌린다.
3 머랭 장식물, 식용 금박, 데코스노우로 장식한다.

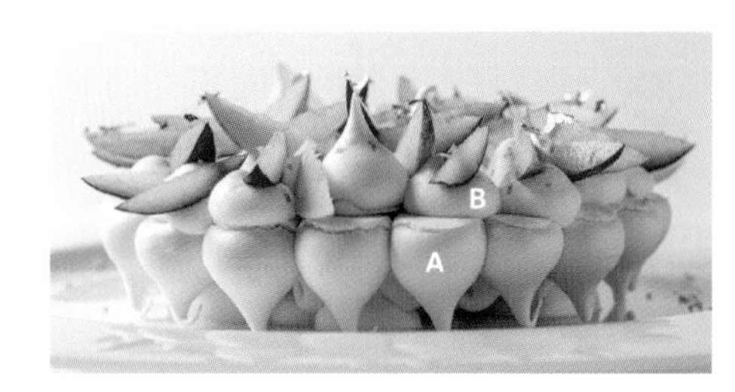

A 프렌치 머랭
B 샹티이 크림

CRÈME PÂTISSIÈRE

크렘 파티시에르

제과 전반에 다채롭게 활용되는 가장 기초적인 크림. 데운 우유에 달걀 노른자, 설탕, 밀가루 또는 전분을 섞어 걸쭉해질 때까지 저어 가며 가열해 완성한다. 유래는 명확하지 않지만 17세기경 우유, 달걀, 밀가루를 함께 끓여 만든 진한 소스에서 시작돼 슈, 밀푀유 등의 과자에 쓰이며 현재와 같이 달고 부드러운 크림으로 완성됐다는 것이 통설로 전해진다.

MAKE 크렘 파티시에르 만들기

준비하기

- 스테인리스 재질의 볼, 거품기, 냄비, 체를 준비한다. 특히 크렘 파티시에르(파티시에 크림)는 수분량이 많아 위생적으로 불안정하기 때문에 도구는 항상 청결을 유지하고 살균 소독한다.
- 바닐라 빈은 반으로 갈라 씨와 깍지를 분리한다.
- 달걀의 노른자를 분리하고 옥수수 전분은 체 친다.
- 끓인 크림을 바로 붓고 식힐 수 있도록 넓은 바트 혹은 철팬에 미리 랩을 감싸 둔다.

포인트

- 바닐라 빈을 더하면 달걀의 비린내를 말끔하게 제거할 수 있다.
- 볼에 노른자와 설탕을 넣고 바로 섞는다. 노른자와 설탕이 잘 섞이지 않은 상태에서 가열하면 크림이 덩어리지기 쉽다.
- 크림이 냄비에 눌어붙지 않도록 약불에서 거품기로 저어가며 끓인다.
- 크림이 85℃까지 도달해 몽글몽글 덩어리가 생기고 걸쭉해지면 약불에서 95℃까지 조금 더 가열한다. 이렇게 하면 크림 속 전분의 점성이 열에 의해 약해져 크림이 살짝 묽어지고 매끄러우면서도 윤기 있는 텍스처를 얻을 수 있다.
- 잘 만들어진 크렘 파티시에르는 거품기로 살짝 떠 올렸을 때 가볍게 흘러내리며 광택이 있는 부드러운 상태를 보인다.

보관법

- 세균이 번식하지 않도록 끓인 크림은 재빨리 얼음물에 받쳐 4℃까지 식힌 뒤 넓은 바트 혹은 철팬에 펼쳐 붓고 표면에 랩을 밀착시켜 냉장고에서 보관한다.
  - 미생물이 번식할 수 있는 온도 구간인 10~63℃를 최대한 빨리 지나야 크림을 안정적으로 보관할 수 있다.
- 급속 냉동고에서 10분 동안 온도를 낮춘 뒤 냉장고로 옮겨도 무방하다.
- 완성한 크림은 기본적으로 당일 소진하는 것이 바람직하다. 부득이할 경우 냉장고에서 보관해 2일 안에 사용하도록 한다.
- 끓인 후 바로 진공팩에 넣어 4℃로 빠르게 냉각하면 1주일에서 최대 15일까지 사용할 수 있다.

1 2

3 4 5

CRÈME PÂTISSIÈRE 크렘 파티시에르

재료

우유 1000g	노른자 240g
바닐라 빈 1개	설탕B 125g
설탕A 125g	옥수수 전분 80g

만드는 방법

1 냄비에 우유, 바닐라 빈의 씨와 깍지, 설탕A를 넣고 끓인다.
2 볼에 노른자, 설탕B를 넣고 거품기로 섞은 뒤 옥수수 전분을 넣고 섞는다.
3 ①을 붓고 거품기로 섞은 다음 체에 걸러 다시 냄비에 옮긴다.
4 약불에서 거품기로 저어가며 85℃까지 가열한다.
5 약불에서 95℃가 될 때까지 더 가열한다.
6 랩을 감싼 철팬에 완성된 크림을 펼쳐 붓고 표면에 랩을 밀착시켜 감싼 다음 급속 냉동고에서 10분 동안 식히고 냉장고로 옮겨 보관한다.

크렘 파티시에르는 어떻게 만들어지는 것인가요?

전분 입자가 물을 만나 팽윤하면 전분의 구조가 붕괴돼 흔히 말하는 '풀' 상태가 됩니다. 이를 전분의 '호화'라 부르지요. 크렘 파티시에르는 바로 이러한 전분의 호화 현상을 이용해 만드는 크림입니다. 크림을 끓일 때 우유, 달걀 등의 묽은 액체가 전분과 합쳐지면서 점점 점성이 생겨 크림이 완성되는 것입니다.

크렘 파티시에르를 만들 때 어떤 전분을 사용하는 것이 좋은가요?

일반적으로 옥수수 전분을 사용합니다. 옥수수 전분이 아닌 다른 전분을 사용할 경우, 전분마다 호화 온도가 다르고 완성된 크림의 점도도 달라지기 때문에 원하는 질감의 크림을 얻지 못할 수도 있습니다. 따라서 옥수수 전분 외에 다른 전분류를 사용할 때에는 각 전분의 특성을 잘 파악하는 것이 중요합니다. 예를 들어 밀가루로 대체할 경우, 그 양을 옥수수 전분 중량×1.25 만큼 사용하면 됩니다. 또한 밀가루는 옥수수 전분, 감자 전분, 고구마 전분 등에 비해 호화 온도가 높고 점도가 낮으므로 이러한 특성에 유의해 작업하길 바랍니다. 한편 똑같은 양의 옥수수 전분과 밀가루를 넣고 크림을 각각 만들었을 경우 옥수수 전분으로 만든 크림이 밀가루로 만든 크림보다 더 되직합니다.

*** 각종 전분의 호화 온도**

(농도 60%일 때)

항목		전분의 종류					
		쌀	감자	타피오카	고구마	옥수수	밀
전분 호화 온도(℃)		63.6	64.5	69.6	72.5	86.2	87.3
전분의 점도(B.U)		680	1028	340	683	260	104
비율	아밀로펙틴	80	77	83	80	74	75
	아밀로오스	20	23	17	20	26	25
전분 입자 크기(㎛)		2~10	5~100	5~36	15~55	4~26	2~38

*** 크렘 파티시에르의 점도 변화**

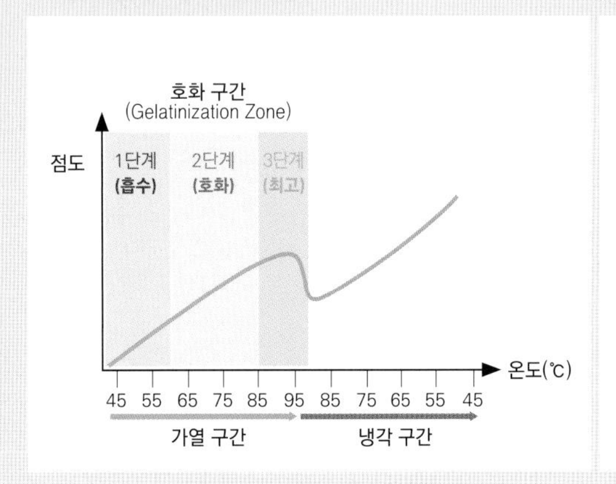

*** 각종 전분의 호화 과정에서 나타나는 점도 변화**

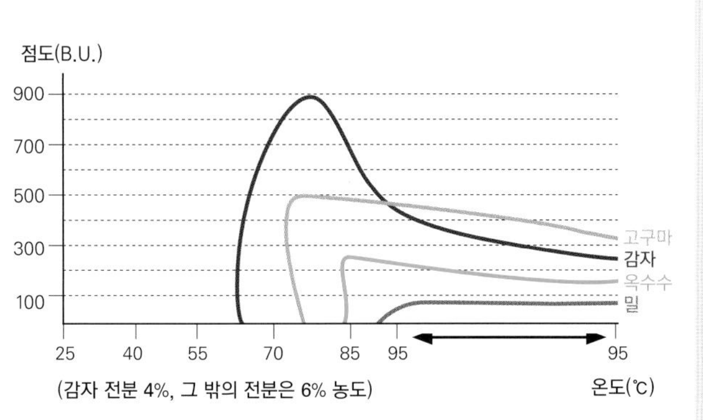

크림을 끓일 때 불의 세기는 어떻게 하나요?

처음 우유를 끓일 때는 강한 불에서 끓입니다. 그리고 전분을 넣고 다시 끓일 때는 약한 불에서 거품기로 저어가며 천천히 끓입니다. 이렇게 하면 덩어리지지 않고 매끄러운 크림을 만들 수 있습니다.

크림을 어느 시점까지 끓여야 하는지 잘 모르겠어요.

크렘 파티시에르는 충분히 가열해야 호화가 잘 이뤄지고 알맞게 점성이 생깁니다. 약불에서 크림을 끓이다 보면 85℃에서 몽글몽글해지고 거품기를 젓는 손에 힘이 더 들어가게 됩니다. 여기서 더 가열하며 저어 95℃까지 도달하게 되면 크림이 다시 묽어지면서 거품기로 들어 올렸을 때 흘러내리는 상태가 됩니다. 이때가 바로 점성이 완성된 시점으로 호화가 잘 이뤄져 크림의 질감이 매끄럽고 윤기를 띠지요. 보통 우유 1ℓ를 기준으로 1분 정도 끓이는데, 크림을 끓일 때에는 다양한 변수들이 발생할 수 있으므로 시간보다는 항상 크림의 상태로 완성 여부를 판단할 것을 추천합니다.

크렘 파티시에르에 버터를 넣으면 어떤 장점이 있나요?

버터를 넣으면 풍미가 좋아지는 것은 물론 해동할 때 수분이 분리되는 현상을 방지할 수 있어 냉동고에서도 보관이 가능해집니다. 버터를 넣을 때는 뜨거운 크림에 차가운 상태의 버터를 넣어야 크림이 분리되지 않으니 참고하세요. 이밖에도 견과류 프랄리네, 초콜릿, 페이스트 등을 추가해 다양한 맛의 크렘 파티시에르를 완성할 수 있답니다.

크렘 파티시에르를 끓인 다음 보관은 어떻게 해야 하나요?

크림 표면에 랩을 밀착시키고 감싼 다음 급속 냉동고에서 약 4℃까지 빠르게 냉각시키세요. 이렇게 하면 미생물에 의한 크림의 변질을 막을 수 있습니다. 식힌 크림은 당일 소진하는 것이 좋고 냉장고에서 2일까지 보관할 수 있어요.

크림을 끓일 때 주의할 점이 있나요?

크렘 파티시에르의 주원료 중 하나는 달걀 노른자입니다. 노른자는 62℃에서 응고가 시작되며 80℃에는 완전히 응고됩니다. 다시 말해, 비교적 낮은 온도에서 응고하기 때문에 크림을 끓일 때 온도 조절에 주의를 기울여야 하지요. 또한 강한 불에서 크림을 끓이게 되면 전분이 충분히 수분을 흡수하지 못해 호화가 제대로 이루어지지 않게 되고 덩어리가 생기기 쉽습니다. 더불어 크림을 끓이는 동안 거품기로 부지런히 젓는 것도 중요해요.

RELIGIEUSE
au Café 커피 헐리지유즈

지름 6㎝ 원형 12개 분량

A 슈 반죽

우유 200g
물 200g
소금 6g
설탕 8g
버터 180g
T55(프랑스 밀가루) 220g
달걀 400g

/

B 커피 파티시에 크림

우유 1000g
설탕A 125g
바닐라 빈 1개
인스턴트 커피 25g
커피 원두 20g
노른자 240g
설탕B 125g
옥수수 전분 80g

/

C 커피 퐁당

퐁당 1000g
커피 농축액 40g
시럽 적당량

A 슈 반죽

1 냄비에 우유, 물, 소금, 설탕, 버터를 넣고 끓인다.
2 체 친 T55를 넣고 섞은 다음 나무 주걱으로 저어가며 호화시킨다.
3 믹서볼에 옮겨 달걀을 조금씩 나누어 넣으면서 믹싱한다.
4 지름 1.5㎝, 지름 1㎝ 원형 모양깍지를 낀 짤주머니에 각각 나눠 담고 실리콘 페이퍼를 깐 철팬에 지름 6㎝(몸통), 지름 3㎝(머리) 원형으로 짠다.
5 미분당(분량 외)을 고루 뿌린다.
6 윗불 160℃, 아랫불 170℃ 데크 오븐에서 댐퍼를 닫고 20분 동안 굽고 윗불 180℃, 아랫불 170℃로 오븐의 온도를 조절해 10분 동안 더 굽는다.
7 댐퍼를 열고 15~20분 동안 더 굽는다.
• 머리 부분 슈의 구움색이 갈색이 되면 오븐에서 먼저 꺼낸다.

B 커피 파티시에 크림

1 냄비에 우유, 설탕A, 바닐라 빈의 씨와 깍지를 넣고 끓인다.
2 인스턴트 커피, 커피 원두를 넣고 핸드블렌더로 간 뒤 10분 동안 향을 우린다.
3 볼에 노른자, 설탕B를 넣고 거품기로 섞은 다음 체 친 옥수수 전분을 넣고 섞는다.
4 ②를 붓고 섞은 뒤 체에 걸러 다시 냄비에 옮긴다.
5 거품기로 저어가며 가열하다가 끓으면 1분 동안 더 저어가며 끓인다.
6 랩을 감싼 철팬에 크림을 붓고 표면에 랩을 밀착시켜 감싼 다음 급속 냉동고에서 10분 동안 식히고 냉장고로 옮겨 보관한다.

C 커피 퐁당

1 냄비에 부드러운 상태의 퐁당, 커피 농축액을 넣고 섞는다.
2 약불에서 35℃가 될 때까지 나무 주걱으로 저어가며 데운다.
3 시럽을 조금씩 나누어 넣으면서 되기를 조절한다.
• 시럽은 물 1000g, 설탕 1350g을 함께 끓인 것을 사용한다.

D 커피 버터 크림

우유 120g
바닐라 빈 1/2개
설탕A 50g
노른자 100g
설탕B 50g
버터 400g
이탈리안 머랭 100g
커피 농축액 13g

D 커피 버터 크림

1 냄비에 우유, 바닐라 빈의 씨와 깍지, 설탕A를 넣고 끓인다.
2 볼에 노른자, 설탕B를 넣고 거품기로 휘핑한다.
3 ①을 붓고 섞은 다음 체에 걸러 다시 냄비에 옮긴다.
4 85℃까지 실리콘 주걱으로 저어가며 가열한다.
5 믹서볼에 옮겨 30℃ 이하로 식을 때까지 고속에서 휘핑한다.
6 포마드 상태의 버터를 조금씩 나눠 넣어가며 비터로 믹싱한다.
7 이탈리안 머랭을 넣고 섞은 다음 커피 농축액을 넣고 부드럽게 섞는다.
- 이탈리안 머랭은 물 100g, 설탕 350g, 흰자 175g으로 만든 것을 사용한다.

마무리

1 A(슈 반죽)의 밑면에 구멍을 뚫어 짤주머니에 넣은 B(커피 파티시에 크림)를 짜 넣는다.
2 슈의 윗면에 30~35℃의 C(커피 퐁당)를 입힌 다음 몸통 A(슈 반죽) 위에 머리 A(슈 반죽)를 올린다.
3 별 모양깍지를 낀 짤주머니에 D(커피 버터 크림)를 넣고 머리 A(슈 반죽)의 가장자리에 둘러 짠다.
- 아래에서 위로 올리듯 크림을 짠다.

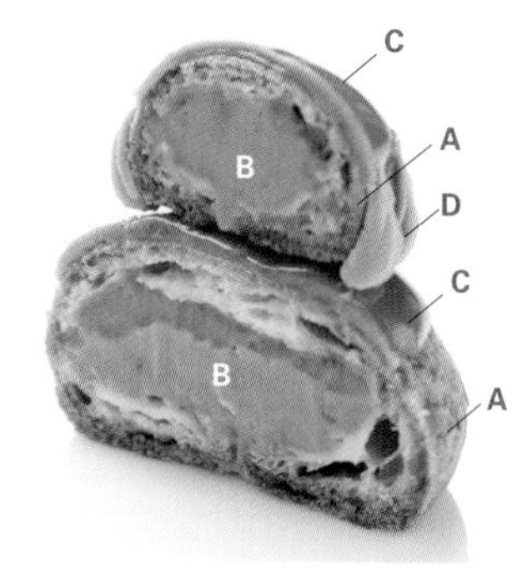

A 슈 반죽
B 커피 파티시에 크림
C 커피 퐁당
D 커피 버터 크림

ÈCLAIR
Kiwa 기와 에클레르

길이 12㎝ 에클레르 12개 분량

A 슈 반죽
우유 100g, 물 100g
소금 3g, 설탕 4g, 버터 100g
박력분 95g, 달걀 190g

B 파티시에 크림
우유 320g
바닐라 빈 1/2개 분량
설탕A 40g, 노른자 76g
설탕B 40g, 옥수수 전분 26g

C 초콜릿 파티시에 크림
우유 132g
다크초콜릿(55%) 84g
카카오매스 17g
B(파티시에 크림) 400g

A 슈 반죽

1 냄비에 우유, 물, 소금, 설탕, 버터를 넣고 끓인다.
2 체 친 박력분을 넣고 섞은 다음 나무 주걱으로 저어가며 호화시킨다.
3 믹서볼에 옮겨 달걀을 조금씩 나누어 넣으면서 저속에서 비터로 믹싱한다.
4 별 모양깍지를 낀 짤주머니에 반죽을 넣고 실리콘 페이퍼를 깐 철팬에 길이 12㎝ 막대 모양으로 짠다.
5 윗불 160℃, 아랫불 170℃ 데크 오븐에서 댐퍼를 닫고 20분 동안 굽고 윗불 180℃, 아랫불 170℃로 오븐의 온도를 조절해 10분 동안 더 굽는다.
6 댐퍼를 열고 15~20분 동안 더 굽는다.

B 파티시에 크림

1 냄비에 우유, 바닐라 빈의 씨와 깍지, 설탕A를 넣고 끓인다.
2 볼에 노른자, 설탕B를 넣고 거품기로 섞은 뒤 체 친 옥수수 전분을 넣고 섞는다.
3 ①을 붓고 섞은 다음 체에 걸러 다시 냄비에 옮기고 거품기로 저어가며 크림 상태가 될 때까지 가열한다.
4 랩을 감싼 철팬에 부어 표면에 랩을 밀착시키고 감싼 다음 급속 냉동고에서 식힌다.

C 초콜릿 파티시에 크림

1 냄비에 우유를 넣고 끓인 뒤 다진 다크초콜릿과 카카오매스를 넣고 유화시킨다.
2 부드럽게 푼 B(파티시에 크림)에 넣어 섞고 다시 냄비에 옮겨 거품기로 저어가며 끓인다.
3 랩을 감싼 철팬에 붓고 표면에 랩을 밀착시켜 감싼 다음 급속 냉동고에서 식혀 냉장고에서 보관한다.

D 초콜릿 퐁당

퐁당 300g, 시럽 90g
카카오매스 90g

마무리

코코아파우더 적당량
식용 금분 적당량

D 초콜릿 퐁당

1 냄비에 퐁당을 넣고 나무 주걱으로 부드럽게 푼다.
2 시럽을 넣고 섞은 뒤 약불에서 35℃까지 데운다.
- 시럽(분량 외)으로 되기를 조절한다.

3 불에서 내려 녹인 카카오매스를 넣고 섞는다.
4 2장의 이형지 사이에 넣고 2㎜ 두께로 밀어 편다.
5 냉동고에서 1~2시간 동안 굳힌 다음 사각형으로 자른다.

마무리

1 A(슈 반죽)의 밑면에 구멍을 뚫고 짤주머니에 넣은 C(초콜릿 파티시에 크림)를 짜 넣는다.
- 크림은 거품기로 부드럽게 풀거나 가볍게 끓여 사용한다.

2 윗면에 D(초콜릿 퐁당)를 겹쳐 올린다.
- 겹쳐지는 부분이 많아지면 당도가 매우 높아지므로 주의한다.

3 코코아파우더, 식용 금분을 뿌려 장식한다.

A 슈 반죽
C 초콜릿 파티시에 크림
D 초콜릿 퐁당

FLAN à la Vanille 바닐라 플랑

지름 16㎝, 높이 3.5㎝ 세르클 4개 분량

A 퐁세 반죽
찬물 80g, 설탕 24g
소금 12g, 버터 300g
박력분 400g, 노른자 16g

B 파티시에 크림
우유 1200g, 생크림 312g
설탕A 168g, 바닐라 빈 6개
노른자 192g, 달걀 240g
설탕B 168g, 옥수수 전분 108g

마무리
버터 적당량
살구 나파주 적당량

A 퐁세 반죽

1 찬물에 설탕, 소금을 넣고 녹인다.
2 작게 자른 차가운 상태의 버터에 박력분을 섞어 사블라주한다.
  - 버터는 1㎝ 큐브 모양으로 잘라 4℃ 냉장고에서 보관한 것을 사용한다.
  - 사블라주(sablage): 유지와 가루를 비벼 섞어 모래와 같은 보슬보슬한 상태로 만드는 작업.
3 ①에 노른자를 넣고 섞은 다음 ②에 넣고 한 덩어리가 될 때까지 반죽한다.
4 2장의 이형지 사이에 반죽을 넣고 3㎜ 두께로 밀어 편다.
5 냉장고에서 최소 6시간 동안 휴지시킨다.

B 파티시에 크림

1 냄비에 우유, 생크림, 설탕A, 바닐라 빈의 씨와 깍지를 넣고 끓인다.
2 불에서 내려 10~20분 동안 향을 우린다.
3 볼에 노른자, 달걀, 설탕B를 넣고 거품기로 섞은 뒤 체 친 옥수수 전분을 넣고 섞는다.
4 ②를 부어 섞고 체에 걸러 다시 냄비에 옮긴 다음 거품기로 저어가며
크림 상태가 될 때까지 가열한다.
5 불에서 내려 핸드블렌더로 가볍게 섞는다.(선택)

마무리

1 지름 16㎝, 높이 3.5cm 크기의 세르클 옆면에 포마드 상태의 버터를 바른다.
2 A(퐁세 반죽)를 지름 23㎝ 원형으로 잘라 ①에 퐁사주한다.
  - 퐁사주(fonçage): 케이크 틀 또는 타르트 틀 위에 반죽을 늘여 올리고
  양손의 손가락으로 반죽의 가장자리를 안으로 접듯이 해 틀 속으로 집어넣는 동작을 뜻한다.
  - 퐁사주할 때 틀의 바닥과 측면에 양손 엄지로 반죽을 눌러 붙이면서 깔아 주는데
  이때 손가락 자국이 남아 반죽의 두께가 달라지면 구웠을 때 얼룩이 생기므로 주의한다.
3 냉장고에서 30분 동안 휴지시킨 뒤 윗면을 세르클 높이에 맞게 칼로 자른다.
4 ③의 안쪽에 B(파티시에 크림)를 3㎝ 높이로 채워 윗면을 평평하게 정리한다.
5 윗불 200℃, 아랫불 180℃ 데크 오븐에서 1시간 동안 굽는다.
  - 컨벡션 오븐일 경우 170℃ 오븐에서 40~45분 동안 굽는다.
6 세르클에서 빼 겉면에 살구 나파주를 얇게 바른다.

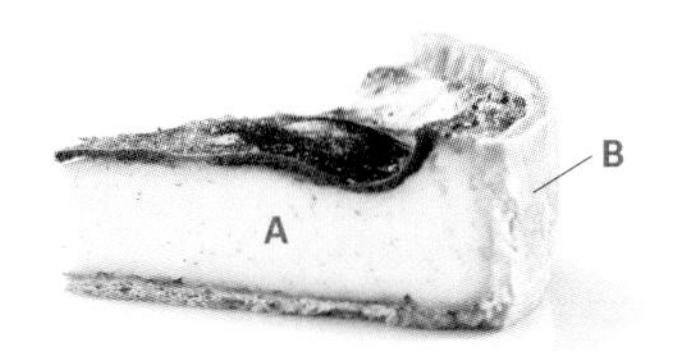

A 파티시에 크림
B 퐁세 반죽

CRÈME ANGLAISE

크렘 앙글레즈

노른자와 설탕을 섞은 뒤 우유를 넣고 가열해 만드는 되직한 크림이다. 커스터드 소스 또는 앙글레즈 소스라 불리기도 한다. 아이스크림, 푸딩, 바바루아, 무스, 디저트용 소스 등 제과 전반에 다채롭게 활용돼 사용 빈도가 높은 크림 중 하나. 바닐라 빈으로 향을 낸 것이 가장 일반적이며 여기에 버터, 초콜릿, 커피, 리큐르 등을 가미해 맛과 향에 베리에이션을 줄 수 있다.

MAKE 크렘 앙글레즈 만들기

준비하기

- 스테인리스 재질의 볼, 냄비, 거품기, 체, 실리콘 주걱, 핸드블렌더를 준비한다.
- 바닐라 빈의 씨와 깍지를 분리한다.
- 달걀의 노른자를 분리한다.

포인트

- 우유를 고온까지 끓이면 유단백이 열변성을 일으켜 막이 형성되는데 설탕을 넣고 함께 끓이면 이를 막을 수 있다.
- 노른자는 62℃부터 굳기 시작해 80℃에서 완전히 굳는다. 따라서 노른자에 끓인 우유를 섞을 때는 노른자가 갑자기 응고하지 않도록 천천히 부으며 섞는 것이 좋다.
- 실리콘 주걱으로 냄비 바닥을 고루 저어가며 약불에서 서서히 가열해야 덩어리지지 않고 매끄러운 텍스처의 크림을 완성할 수 있다.
- 크렘 앙글레즈(앙글레즈 크림)는 일반적으로 83~85℃까지 끓이는데 완성 여부를 판단하는 방법은 다음과 같다. 실리콘 주걱으로 크림을 떠 올린 다음 손가락으로 선을 그었을 때 크림이 흐르지 않으면 완성된 것. 크림이 주르륵 흐르면 덜 가열한 것이고 노른자와 우유가 분리되면 너무 많이 끓인 것이다.
- 크림의 완성 온도는 용도에 따라 결정하자. 부드러운 무스에 사용할 때는 83~84℃까지, 버터 크림에 사용할 때는 85℃까지 가열하면 된다. 한편, 많은 양을 한꺼번에 만들 때에는 노른자가 충분히 살균될 수 있도록 86℃까지 가열한다.
- 불에서 내린 뒤에도 잔열로 크림의 온도가 상승할 수 있으므로 원하는 완성 온도보다 1~2℃ 낮은 상태에서 불에서 내려 식히는 것이 좋다.
- 끓이는 동안 불에서 내리고 올리는 것을 반복하며 바닥에 눌러붙지 않도록 잘 저으면 더욱 부드러운 크림으로 완성시킬 수 있다.

보관법

- 냉장고에서 24시간까지 보관할 수 있다. 하지만 크림에 수분이 많고, 제조 과정에서 살균이 제대로 이뤄지지 않았을 경우 변질되기 쉽기 때문에 바로 사용하는 것이 좋다.

1 2 3
4 5

CRÈME ANGLAISE 크렘 앙글레즈

재료

우유 67g
생크림 67g
설탕 75g
바닐라 빈 1개
노른자 62g

만드는 방법

1 냄비에 우유, 생크림, 설탕 1/2, 바닐라 빈의 씨와 깍지를 넣고 데운다.
2 볼에 노른자, 남은 설탕을 넣고 거품기로 가볍게 섞는다.
3 ①을 천천히 나누어 넣으면서 섞은 다음 체에 걸러 다시 냄비에 옮긴다.
4 약불에서 실리콘 주걱으로 저어가며 83~85℃까지 가열한다.
5 불에서 내려 핸드블렌더로 섞는다.

ABOUT 크렘 앙글레즈

우유 대신 생크림으로 크렘 앙글레즈를 만들 수 있나요?

우유 대신 생크림을 사용해 크렘 앙글레즈를 만들면 보다 되직하고 무거운 질감을 얻을 수 있습니다. 사용 목적에 따라 우유와 생크림을 섞어 크렘 앙글레즈를 만들기도 합니다.

우유와 노른자를 순차적으로 가열하는 이유가 무엇인가요? 처음부터 함께 가열하면 안 되나요?

우유와 노른자를 처음부터 함께 가열하는 방법도 있습니다. 하지만 이렇게 하면 크림의 온도가 더디게 올라 작업 시간이 오래 걸리고 작업성도 나빠 효율성이 떨어집니다.

설탕을 왜 우유와 노른자에 나눠 섞나요?

설탕을 우유와 노른자에 나눠 섞는 이유는 끓는점을 높이기 위해서입니다. 설탕이 우유에 녹으면 그 분자가 열 움직임을 방해해 끓는점이 높아지는데 이 원리를 이용하는 것이지요. 이렇게 하면 열에 쉽게 익는 노른자의 단백질이 조금 더 높은 온도에서 익어 크림에 덩어리가 생기는 것을 방지할 수 있습니다. 또한 노른자와 설탕을 섞으며 생긴 기포가 뜨거운 우유 혼합물을 부어 섞을 때 브레이크 역할을 해 노른자가 응고되는 것을 막고 우유 혼합물과 잘 섞일 수 있도록 합니다.

크렘 앙글레즈는 언제까지 끓여야 하나요?

기본적으로 85℃를 넘지 않는 것이 좋습니다. 85℃ 이상으로 가열하면 수분이 분리되는 '이수 현상'이 발생하기 때문입니다. 또한 액체에 분산돼 있는 노른자가 익기 시작해 덩어리가 생길 수도 있어요. 한편 크림의 완성 여부는 온도를 측정해 쉽게 알 수 있지만 반드시 크림의 상태도 함께 확인하는 것이 좋습니다. 방법은 실리콘 주걱으로 크림을 뜬 다음 손가락으로 살짝 一자를 그어 흐름성을 보면 되는데 크림이 흘러내리지 않고 모양이 유지되면 완성된 것입니다. 이 작업을 '납'(Nappe)이라 부르고 동작은 '나페'(Napper)라 합니다.

크렘 앙글레즈를 만들 때 꼭 온도계가 필요한가요?

크렘 앙글레즈를 85℃까지 가열하는 이유는 달걀의 응고성을 이용해 점성을 얻기 위한 목적도 있지만 살균의 목적도 가지고 있습니다. 클래식한 크렘 앙글레즈 배합의 경우 온도계 없이 납(Nappe)을 통해 크림의 완성 여부를 판단할 수 있습니다. 하지만 최근에는 우유 또는 생크림 양을 늘이거나 노른자의 양을 줄이는 등 다양한 배합이 생겨 납과 더불어 온도계로 온도를 측정해 크림의 완성을 판단하는 것이 정확합니다.

크렘 앙글레즈를 만들었는데 덩어리가 생겼어요. 왜 그런 걸까요?

크렘 앙글레즈의 주재료인 노른자가 익어 생긴 것입니다. 크렘 파티시에르와 마찬가지로 크렘 앙글레즈를 끓일 때는 노른자의 열응고에 주의해야 합니다. 노른자가 우유나 생크림에 분산돼 있긴 하지만, 노른자의 단백질이 열에 약해 쉽게 익기 때문에 덩어리지는 경우가 빈번하게 일어나지요. 크림을 끓이는 동안 실리콘 주걱을 이용해 고루 저어주는 것이 중요하며 강한 불에서 끓이면 온도가 급격히 올라 순식간에 노른자가 익어버릴 수 있으니 주의하세요. 설탕의 양이 적은 배합일수록 단백질의 열변성 억제가 힘들어져 덩어리가 잘 생기니 이 점도 참고하길 바랍니다. 덩어리가 심하게 생기지 않은 경우 핸드블렌더를 사용해 덩어리들을 잘게 갈면 다시 부드러운 텍스처로 복구할 수 있습니다.

* 흰자와 노른자의 열변성 온도 변화

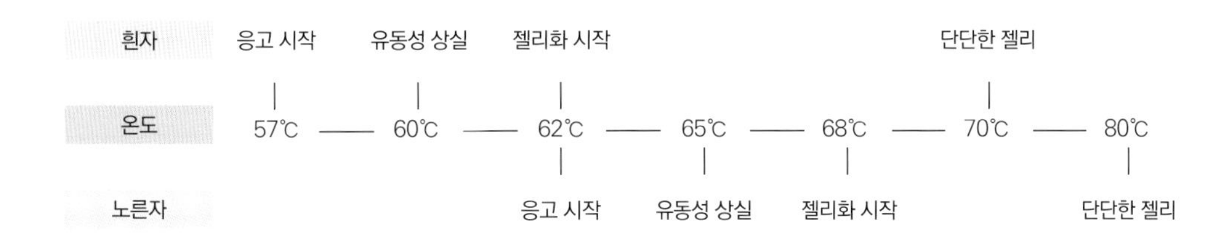

덩어리가 생긴 크렘 앙글레즈

핸드블렌더로 덩어리를 갈아 텍스처를 복구한 크렘 앙글레즈

FONDANT 위스키&초콜릿 퐁당
au Chocolat et Whisky

원형 접시 6개 분량

A 다크초콜릿 퐁당

달걀 100g, 설탕 80g
다크초콜릿(66%) 100g
버터 100g, 박력분 20g
베이킹파우더 3g
코코아파우더 10g

B 위스키 앙글레즈 크림

우유 130g, 생크림 120g
설탕 100g, 바닐라 빈 1/2개
노른자 120g, 위스키 10g

C 바닐라 아이스크림

우유 410g, 탈지 분유 27g
설탕 90g, 포도당 가루 30g
덱스트로스 12g, 생크림 160g
바닐라 빈 1개, 노른자 30g
아이스크림 안정제 3g

A 다크초콜릿 퐁당

1 볼에 달걀, 설탕을 넣고 거품기로 섞은 다음 45℃로 녹인 다크초콜릿과 버터를 넣고 섞는다.
2 함께 체 친 박력분, 베이킹파우더, 코코아파우더를 넣고 섞는다.
3 실리콘 페이퍼를 두른 지름 6㎝ 원형 무스케이크 틀에 반죽을 55~60g씩 넣는다.
• 냉장고에서 보관하고 서빙하기 전에 굽는다.
4 170℃ 컨벡션 오븐에서 8분 동안 굽고 뜨거울 때 원형 접시로 옮긴다.

B 위스키 앙글레즈 크림

1 냄비에 우유, 생크림, 설탕 1/2, 바닐라 빈의 씨와 깍지를 넣고 끓인다.
2 볼에 노른자, 남은 설탕을 넣고 거품기로 섞은 다음 ①을 붓고 섞는다.
3 체에 걸러 다시 냄비로 옮기고 85℃까지 실리콘 주걱으로 저어가며 가열해 앙글레즈 크림을 만든다.
4 불에서 내려 위스키를 넣고 4℃까지 식혀 냉장고에서 보관한다.

C 바닐라 아이스크림

1 냄비에 4℃의 우유, 탈지 분유를 넣고 가열한다.
2 25℃가 되면 설탕 2/3, 포도당 가루, 덱스트로스를 넣고 거품기로 저어가며 가열한다.
3 35℃가 되면 생크림을 넣고 섞은 다음 37℃에서 바닐라 빈의 씨를 넣고 가열한다.
4 40℃가 되면 노른자를 넣어 거품기로 섞고 45℃에서 함께 섞은 아이스크림 안정제와 남은 설탕을 넣고 저어가며 85℃까지 가열한다.
5 약불에서 2분 동안 더 가열하고 불에서 내려 핸드블렌더로 1분 동안 섞는다.
6 얼음물에 받쳐 4℃까지 재빨리 식히고 밀폐 용기에 넣어 온도 4℃ 냉장고에서 12시간 동안 숙성시킨다.
7 아이스크림 기계에 넣고 돌린다.

마무리

1 A(다크초콜릿 퐁당)의 윗면에 커넬 모양으로 뜬 C(바닐라 아이스크림)를 올린다.
2 따뜻하게 데운 B(위스키 앙글레즈 크림)를 붓는다.

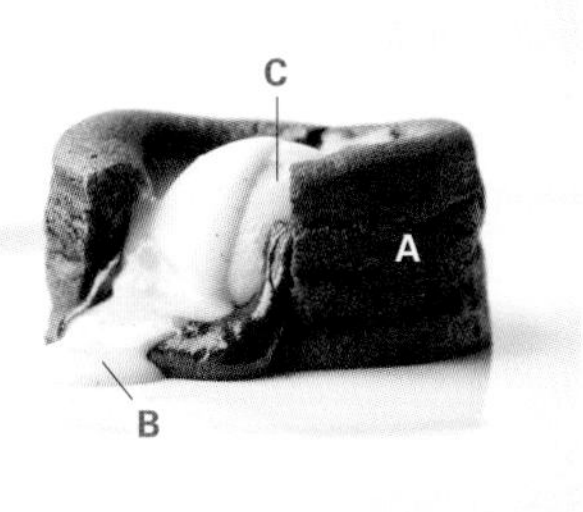

A 다크초콜릿 퐁당
B 위스키 앙글레즈 크림
C 바닐라 아이스크림

CAPPUCCINO

카푸치노

지름 7㎝ 구형 6개 분량

A 설탕 볼

물 75g, 설탕 250g, 물엿 15g
갈색 식용 색소(수용성) 4방울
주석산 용액 1~2방울

B 커피 아이스크림

우유 125g, 커피 원두 15g
노른자 75g, 미분당 100g
펙틴 NH 1g, 생크림 225g
커피 농축액 5g

C 에스프레소 거품

물 33g, 설탕 26g, 판젤라틴 6g
에스프레소 105g, 커피 농축액 4g

D 아몬드 간장 카라멜리제

물 17g, 설탕 23g, 간장 3g
아몬드 슬라이스 100g

A 설탕 볼

1 냄비에 물, 설탕을 넣고 약불에서 끓인다.
2 끓기 시작하면 강한 불로 온도를 높이고 물엿, 갈색 식용 색소를 넣어 섞는다.
3 시럽의 온도가 145~150℃가 되면 주석산 용액을 넣고 섞는다.
- 설탕용 온도계를 사용한다.
- 주석산 용액은 주석산과 물을 1:1 비율로 섞어 사용한다.

4 165℃가 되면 불에서 내려 실리콘 매트에 붓는다.
5 설탕공예용 장갑을 착용하고 가장자리부터 안쪽으로 설탕 반죽을 한 덩어리로 모은다.
6 반죽을 늘였다 접으면서 광을 낸다.
7 반죽의 일부를 떼 작은 구 모양을 만든 다음 설탕공예용 펌프로 공기를 주입해 공 모양을 만든다.

B 커피 아이스크림

1 냄비에 우유를 넣고 데운 다음 부순 커피 원두를 넣어 5분 동안 향을 우린다.
2 볼에 노른자, 함께 섞은 미분당과 펙틴 NH를 넣고 가볍게 휘핑한 뒤 ①을 넣고 섞는다.
3 체에 걸러 다시 냄비에 옮기고 실리콘 주걱으로 저어가며 85℃까지 끓여 앙글레즈 크림을 만든다.
4 믹서볼에 옮겨 25℃가 될 때까지 고속에서 휘핑한다.
5 60%까지 휘핑한 생크림, 커피 농축액을 넣고 섞은 다음 보관 용기에 붓고 냉동고에서 굳힌다.
- 원하는 모양의 몰드에 바로 넣고 냉동고에서 굳혀도 된다.

C 에스프레소 거품

1 냄비에 물, 설탕을 넣고 끓인 다음 찬물에 불려 물기를 제거한 판젤라틴을 넣고 녹인다.
2 에스프레소, 커피 농축액을 넣고 거품기로 고루 섞는다.
3 냉장고에서 10℃까지 식혀 믹서볼에 넣고 고속에서 휘핑한다.

D 아몬드 간장 카라멜리제

1 냄비에 물, 설탕, 간장을 넣고 설탕이 녹을 때까지 가열한다.
2 아몬드 슬라이스에 붓고 섞은 뒤 바트에 펼쳐 넣고 냉장고에서 하루 동안 보관한다.
3 170℃ 컨벡션 오븐에서 10분 동안 굽는다.

E 초코 크럼블

버터 75g, 설탕 75g
박력분 80g, 코코아파우더 23g
카카오 닙 10g

/

F 커피 샹티이 크림

생크림 225g, 미분당 20g
커피 리큐르 8g

E 초코 크럼블

1 믹서볼에 포마드 상태의 버터, 설탕을 넣고 비터로 믹싱한다.
2 함께 체 친 박력분, 코코아파우더를 넣고 믹싱한 뒤 잘게 다진 카카오 닙을 넣고 보슬보슬한 상태가 될 때까지 섞는다.
3 철팬에 펼쳐 넣고 160℃ 컨벡션 오븐에서 10분 동안 굽는다.

F 커피 샹티이 크림

1 믹서볼에 생크림, 미분당을 넣고 80%까지 휘핑한다.
2 커피 리큐르를 넣고 섞는다.

마무리

1 믹서볼에 B(커피 아이스크림)를 넣고 비터로 부드럽게 믹싱한다.
2 A(설탕 볼)의 밑면에 달군 원형 커터로 구멍을 낸다.
3 A(설탕 볼)를 뒤집어 움직이지 않도록 고정시키고 안쪽에 짤주머니에 넣은 C(에스프레소 거품)를 짜 넣는다.
4 짤주머니에 넣은 F(커피 샹티이 크림)를 가장자리에 두르듯 짜고 가운데에 D(아몬드 간장 카라멜리제), E(초코 크럼블)를 각각 20g씩 넣는다.
5 짤주머니에 ①을 넣고 ④의 가운데에 짜 넣는다.
6 남은 F(커피 샹티이 크림)를 채워 접시에 뒤집어 올린다.
7 남은 E(초코 크럼블)로 장식한다.

A 설탕볼
B 커피 아이스크림
C 에스프레소 거품
D 아몬드 간장 카라멜리제
E 초코 크럼블
F 커피 샹티이 크림

Crème 크렘 브륄레 BRÛLÉE

원형 접시 4개 분량

A 크렘 브륄레 아파레유
우유 125g, 바닐라 빈 1개
설탕 65g, 노른자 65g
생크림 125g

B 캐러멜 디스크
물 60g, 물엿 100g
설탕 300g

마무리
망고(슬라이스한 것) 적당량

A 크렘 브륄레 아파레유

1 우유에 바닐라 빈의 씨와 깍지, 설탕 1/2을 넣고 끓인 다음 불에서 내려 10분 동안 향을 우린다.
2 볼에 노른자, 남은 설탕을 넣고 섞는다.
3 ①을 붓고 섞은 다음 생크림을 넣고 섞는다.
4 바닐라 빈의 깍지를 건져내고 가운데가 오목한 접시에 넣는다.
5 150~160℃ 컨벡션 오븐에서 물을 넣은 철팬을 받쳐 중탕으로 아파레유의 중심 온도가 85℃가 될 때까지 굽는다.
- 중탕하지 않을 때에는 100℃ 컨벡션 오븐에서 굽는다.

6 냉장고에서 식힌다.
- 냉장고에서 최대 24시간 동안 보관할 수 있다.

B 캐러멜 디스크

1 냄비에 모든 재료를 넣고 카라멜리제한다.
- 카라멜리제(caraméliser): 설탕을 갈색이 될 때까지 달여 캐러멜을 만들다, 틀 등에 캐러멜을을 붓거나 넣다, 과자의 표면에 설탕을 뿌리고 표면을 태워 캐러멜화하다.

2 실리콘 매트에 붓고 식힌다.
3 블렌더에 넣고 곱게 갈아 지름 12㎝ 세르클에 충분히 뿌린다.
4 세르클을 제거한 다음 160℃ 컨벡션 오븐에서 설탕이 녹을 때까지 굽는다.
5 항온기에 보관한다.

마무리

1 A(크렘 브륄레 아파레유)에 망고를 올린다.
2 B(캐러멜 디스크)를 올린다.

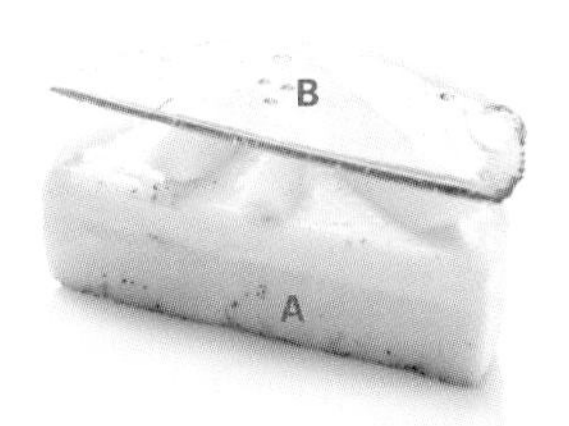

A 크렘 브륄레 아파레유
B 캐러멜 디스크

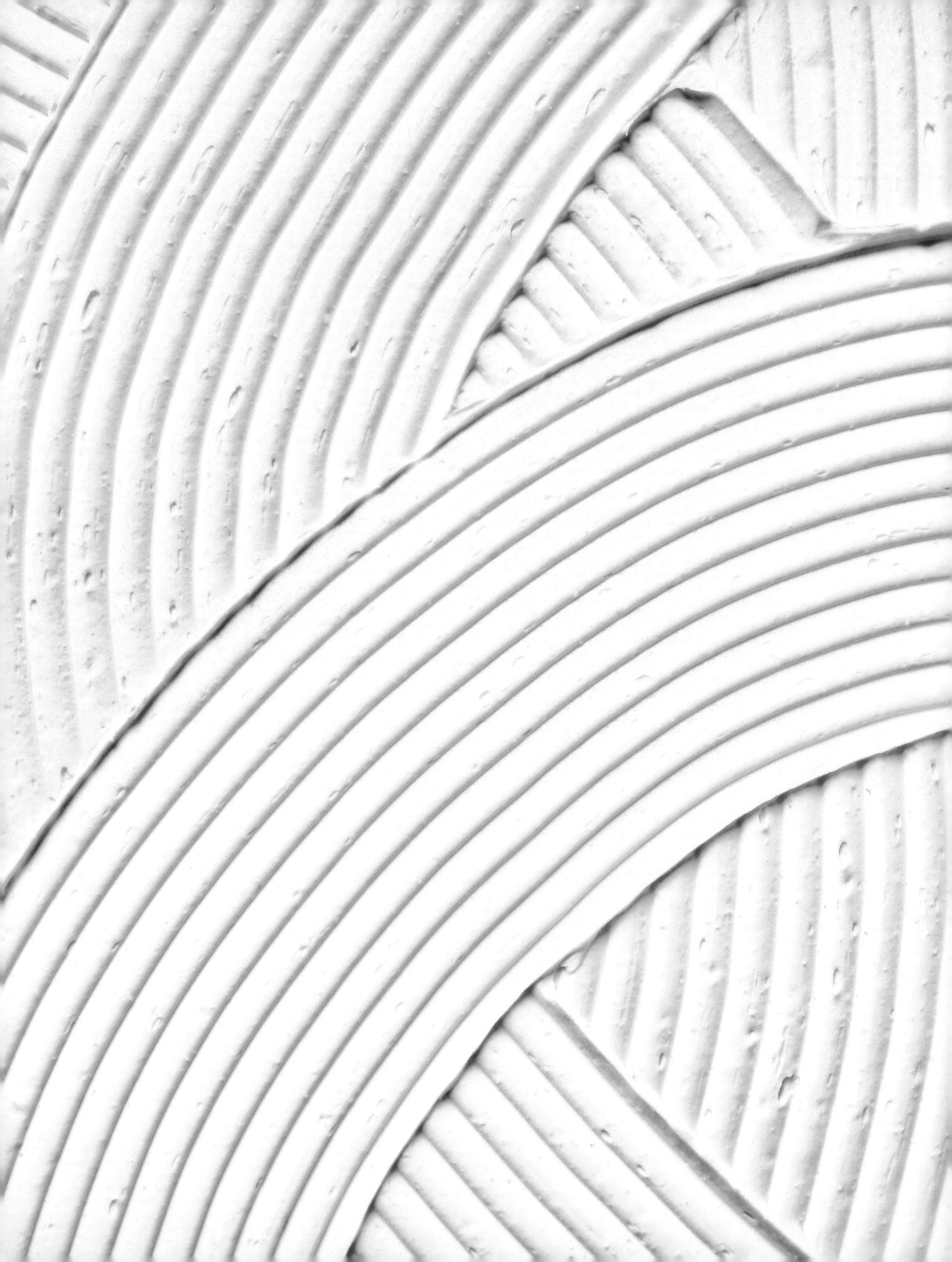

CRÈME AU BEURRE
À LA MERINGUE ITALIENNE

크렘 오 뵈르 아 라 머랭그 이탈리엔느

프랑스 제과의 가장 대표적인 크림인 버터 크림 중 이탈리안 머랭을 베이스로 한 '크렘 오 뵈르 아 라 머랭그 이탈리엔느(Crème au Beurre à la Meringue Italienne)'를 소개한다. 크렘 오 뵈르 아 라 머랭그 이탈리엔느(이탈리안 머랭 버터 크림)는 보형성이 좋고 여러 가지 버터 크림 중 저장성이 가장 뛰어나다. 또한 공기 포집이 많이 된 이탈리안 머랭으로 인해 텍스처가 가벼우면서 산뜻한 맛이 나는 것이 특징. 이러한 점 때문에 다른 향을 더하기 쉬운 장점이 있다.

MAKE 크렘 오 뵈르 아 라 머랭그 이탈리엔느 만들기

준비하기

- 스테인리스 재질의 볼, 믹서볼, 냄비, 거품기와 온도계를 준비한다.
- 달걀의 흰자를 분리한다.
- 버터와 흰자는 상온에 미리 꺼내 온도를 23~25℃로 맞춘다. 버터의 되기는 손가락에 힘을 주지 않고 눌렀을 때 움푹 들어가는 정도가 알맞다.
- 시럽을 끓일 때 사용할 여분의 물, 붓을 준비한다.

포인트

- 냄비 바닥에 설탕이 직접 닿으면 가열 과정에서 타버리므로 반드시 물, 설탕의 순서로 냄비에 넣는다.
- 흰자의 양이 많거나 사용하는 도구의 크기가 클 때 또는 작업장의 온도가 낮을 경우 시럽의 최종 완성 온도를 높인다. 이탈리안 머랭을 냉동고에 저장하고자 한다면 시럽을 125℃까지 끓이는 것이 좋다.
- 시럽이 끓기 시작하면 상온 상태의 흰자를 휘핑한다. 상온 상태의 흰자를 휘핑하면 공기 포집이 쉽고 볼륨이 풍부한 머랭을 얻을 수 있다.
- 흰자에 설탕 1/5을 넣고 휘핑하면 기포가 조밀하게 생성돼 매끄러운 텍스처의 머랭을 완성할 수 있다. 이때 저속에서부터 서서히 속도를 올려 휘핑한다.
- 흰자의 온도가 너무 차가우면 시럽과 잘 섞이지 않으므로 시럽을 넣기 전 흰자의 온도를 확인하고 차가울 경우 믹서볼을 토치로 살짝 데워 온도를 맞추자.
- 버터와 이탈리안 머랭의 텍스처가 다르므로 이탈리안 머랭을 조금씩 나누어 넣고 섞도록 한다. 양이 많다면 버터를 먼저 휘핑한 다음 이탈리안 머랭을 넣어 섞는다.

보관법

- 남은 버터 크림은 급속 냉동해 냉동고에서 보관했다가 사용 전 냉장고에서 해동한다. 상온 상태에서 휘핑하면 원래 상태로 복구할 수 있다.

*

버터(Butter)

우유 중 지방을 분리해 응고시켜 만든 유제품으로 유지방 82%, 수분 16%, 무기질 2% 등으로 구성되어 있다. 1㎏의 버터를 얻기 위해서는 22ℓ의 우유가 필요하며 한번 녹은 버터는 유지층과 고형분층이 분리돼 다시 굳혀도 처음 상태로 돌아가지 않는다. 버터는 소금 첨가 여부에 따라 가염 버터, 무염 버터로 나뉘며 발효 과정에서 젖산균을 넣어 제조한 버터는 발효 버터로 구분하고 있다.

1 2 3
4 5

CRÈME AU BEURRE
À LA MERINGUE ITALIENNE

크렘 오 뵈르
아 라 머랭그 이탈리엔느

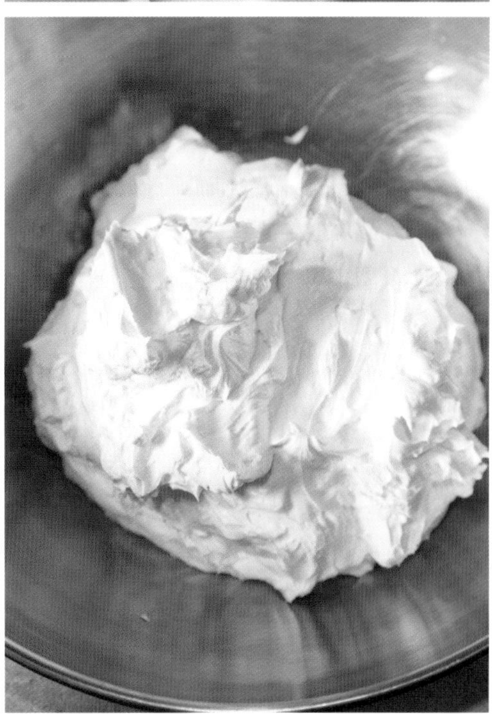

재료

물 100g
설탕 350g
흰자 175g
버터 500g

만드는 방법

1 냄비에 물, 설탕을 넣고 118~121℃까지 끓인다.
- 중간중간 물 묻힌 붓으로 냄비 안쪽 가장자리에 튄 시럽을 닦아가며 가열한다.

2 시럽의 온도가 108℃가 되면 믹서볼에 흰자를 넣고 80%까지 휘핑한다.

3 ①을 조금씩 나누어 넣으면서 고속에서 휘핑해 이탈리안 머랭을 만든 다음 머랭의 온도가 30℃가 될 때까지 중속에서 휘핑해 식힌다.
- 시럽은 믹서볼의 안쪽 벽을 따라 천천히 붓는다.

4 볼에 포마드 상태의 버터를 넣고 푼 다음 머랭을 3회에 걸쳐 나누어 넣으면서 섞는다.

5 완성된 버터 크림.(최종 온도: 23~25℃)

이탈리안 머랭을 만들 때 차가운 흰자를 사용하는 것이 좋나요? 상온 상태의 흰자를 사용하는 것이 좋나요?

상온 상태의 흰자를 사용하는 게 좋습니다. 일반적으로 흰자의 온도에 따라 머랭의 안전성과 볼륨이 달라지는데 온도가 낮으면 공기 포집이 더디게 진행되고 기포가 조밀하게 생성돼 단단하고 안정적인 머랭이 만들어집니다. 이러한 머랭은 흰자에 섞이는 설탕의 양이 적은 비스퀴 등을 만들 때 적합합니다. 반대로 흰자의 온도가 상온 상태일 경우 공기 포집이 빨리 일어나 기포가 크고 불안정한 머랭이 완성됩니다. 하지만 이탈리안 머랭의 경우 흰자와 섞이는 설탕의 양이 많아 안정성에 도움을 주므로 상온 상태의 흰자를 사용하는 것이 공기 포집에 더 유리합니다.

시럽을 끓이는 것과 흰자를 휘핑하는 작업 간의 속도를 맞추는 것이 어려워요.

시럽이 118℃에 도달하기까지는 시간이 필요합니다. 흰자의 휘핑을 너무 빠른 시점에 시작하게 되면 시럽이 적정 온도에 도달하기도 전에 흰자의 휘핑이 과하게 진행돼 버려요. 그러므로 시럽의 온도가 어느 정도 높아졌을 때 흰자를 휘핑해보세요. 시럽의 온도가 약 108℃가 되었을 때 흰자의 휘핑 작업을 시작하면 시럽의 온도와 흰자의 휘핑 상태를 맞추는 것이 한결 쉬워질 것입니다.

남은 이탈리안 머랭은 어떻게 보관하면 될까요?

남은 이탈리안 머랭은 철팬이나 바트에 펼쳐 붓고 표면에 랩이 닿도록 감싸 냉동고에서 최대 2주 동안 보관할 수 있습니다. 냉동고에서 보관한 머랭은 필요한 양만큼 꺼내 무스, 버터크림 등에 섞는 용도로 사용할 수 있습니다. 하지만 보형성은 매우 떨어지므로 형태 유지가 중요한 장식용으로는 적합하지 않아요.

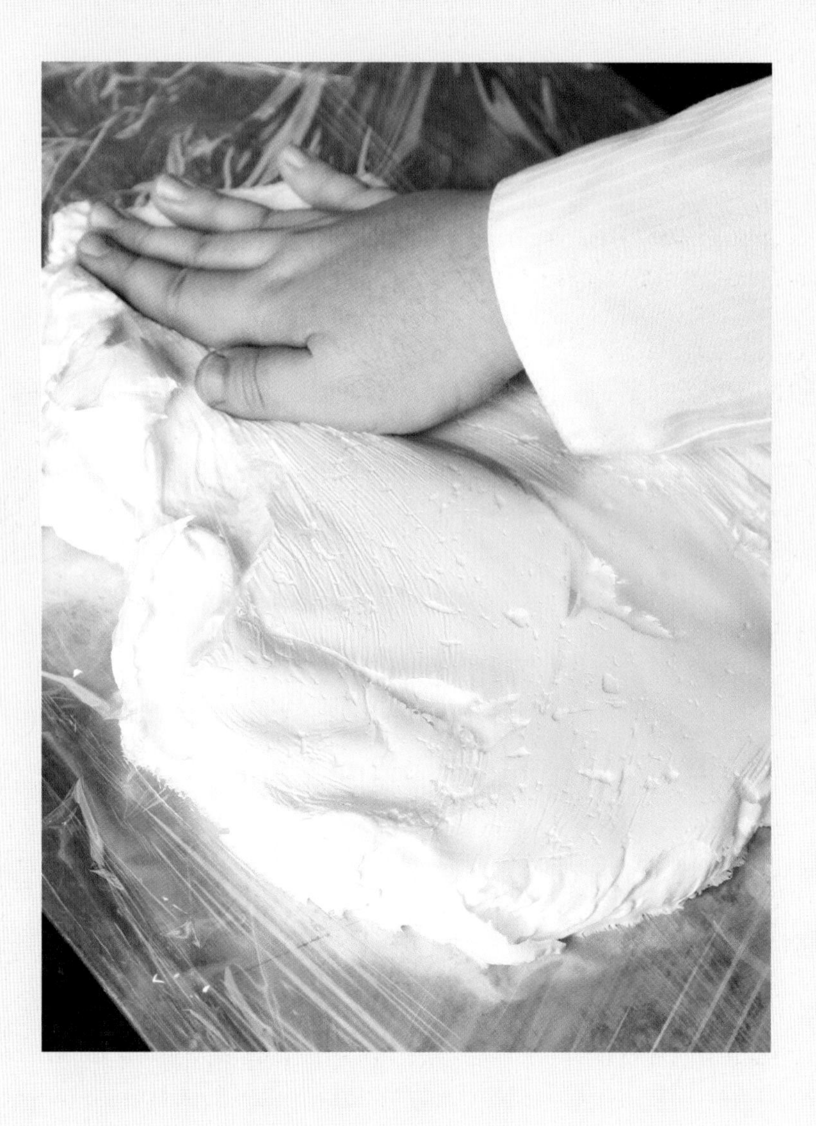

이탈리안 머랭과 버터를 섞을 때 주의할 점이 있나요?

차갑고 단단한 버터는 머랭과 매끄럽게 섞이지 못하므로 미리 버터를 상온에 꺼내 온도를 약 20~25℃로 맞추는 작업이 필요해요. 만약 차가운 버터를 사용하게 되면 섞는 횟수가 늘어나 머랭의 비중이 높아지고 알맞은 질감의 버터 크림을 완성할 수 없게 됩니다. 버터의 온도를 맞추고 부드럽게 풀어 최대한 머랭과 비슷한 텍스처로 만든 다음 머랭을 2~3회 나눠 넣으며 섞으세요. 크림의 양이 많다면 섞기 전 미리 버터를 휘핑해 텍스처를 가볍게 만든 다음 이탈리안 머랭을 넣고 섞으면 됩니다.

크렘 오 뵈르 아 라 머랭그 이탈리엔느는 다른 버터 크림과 어떤 차이가 있나요?

크렘 오 뵈르 아 라 머랭그 이탈리엔느는 공기가 많이 포집된 달걀의 흰자가 들어가 가볍고 깔끔한 맛이 나는 특징이 있습니다. 때문에 다른 재료를 첨가하게 되면 그 재료의 향미를 보다 잘 표현할 수 있어요. 또한 크림에 색이 거의 없어 색소 또는 재료에 의한 발색이 선명한 장점이 있습니다. 보형성도 좋아 아이싱, 데커레이션 크림으로 사용하기 좋습니다.

베리에이션 방법을 알려주세요.

설탕과 함께 졸인 과일 퓌레를 넣으면 다양한 맛의 버터 크림을 만들 수 있어요. 먼저 원하는 맛의 퓌레와 퓌레 양의 10% 정도의 설탕을 함께 냄비에 넣고 그 양이 반으로 줄어들 때까지 졸입니다. 이를 버터 크림 대비 약 15~20% 정도의 양으로 계량해 더하게 되면 과일 맛이 살아있는 버터 크림이 완성되지요. 이때 졸인 퓌레의 양을 많이 첨가할수록 크림 속 수분이 증가해 텍스처가 부드러워지는데 과하게 넣을 경우 분리 현상이 일어날 수 있으므로 주의하세요.

Gâteau 모카 케이크 MOKA

지름 18㎝ 원형 케이크 틀 2개 분량

A 커피 제누아즈
우유 20g, 버터 60g
인스턴트 커피 25g, 달걀 400g
설탕 250g, 박력분 230g

B 커피 버터 크림
물 100g, 설탕 350g, 흰자 175g
버터 500g, 커피 농축액 15g
커피 리큐르 4g

C 카페 모카 시럽
코코아파우더 45g, 우유 300g
설탕 150g, 다크초콜릿(66%) 45g
에스프레소 60g

D 프랄리네
물 175g, 설탕 500g
아몬드 분태 500g

마무리
카카오 닙 적당량

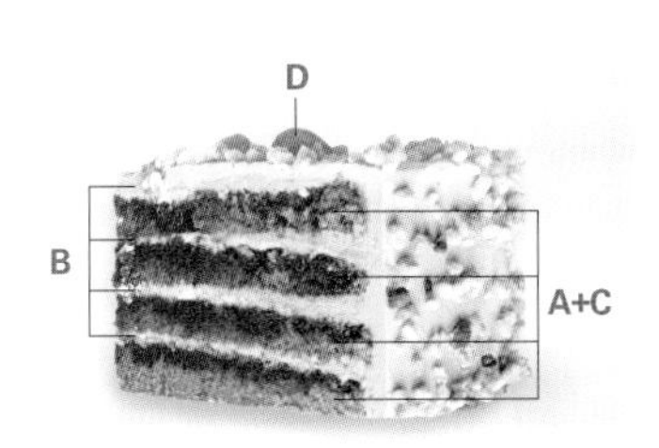

A 커피 제누아즈

1 우유, 버터, 인스턴트 커피를 함께 가열해 녹인다.
2 볼에 달걀, 설탕을 넣고 중탕으로 45℃까지 데우면서 휘핑한다.
3 체 친 박력분을 넣고 섞은 다음 일부를 ①에 넣고 섞는다.
4 남은 ③에 넣고 섞은 뒤 지름 18㎝ 원형 케이크 틀에 2/3 높이까지 팬닝한다.
5 윗불 180℃, 아랫불 160℃ 데크 오븐에서 25분 동안 굽고 식힌다.
6 1㎝ 두께로 슬라이스한다.

B 커피 버터 크림

1 냄비에 물, 설탕을 넣고 118~121℃까지 끓인다.
2 시럽의 온도가 108℃가 되면 믹서볼에 흰자를 넣고 80%까지 휘핑한다.
3 ①을 조금씩 나누어 넣으면서 고속에서 휘핑해 이탈리안 머랭을 만든다.
4 부드럽게 푼 버터에 ③을 3회에 걸쳐 나누어 넣고 섞는다.
5 커피 농축액, 커피 리큐르를 넣고 섞는다.

C 카페 모카 시럽

1 냄비에 코코아파우더, 우유, 설탕, 다크초콜릿을 넣고 끓인다.
2 불에서 내려 에스프레소를 넣고 섞는다.

D 프랄리네

1 냄비에 물, 설탕을 넣고 118℃까지 끓인다.
2 아몬드 분태를 넣고 사블라주한다.
- 수분이 증발하면서 냄비 가장자리가 하얗게 되고 분태가 낱알로 분리될 때까지 하면 된다.

마무리

1 A(커피 제누아즈)에 C(카페 모카 시럽), B(커피 버터 크림)를 차례대로 바른다.
2 윗면을 평평하게 정리한 다음 A(커피 제누아즈) 1장을 올린다.
3 ①~②의 과정을 2회 반복한 뒤 C(카페 모카 시럽)를 바른다.
4 겉면을 남은 B(커피 버터 크림)로 아이싱한다.
5 겉면에 D(프랄리네)를 묻히고 카카오 닙(분량 외)을 뿌린다.

A 커피 제누아즈
B 커피 버터 크림
C 카페 모카 시럽
D 프랄리네

Cake Caramel AU BEURRE SALÉ 캐러멜 버터 살레 케이크

6×14㎝ 미니 파운드케이크 틀 6개 분량

A 버터 살레 캐러멜
설탕 330g, 생크림 340g
천일염 2g, 버터 240g

B 캐러멜 케이크
버터 215g, 미분당 60g
설탕 40g, 달걀 180g
박력분 240g, 베이킹파우더 8g
A(버터 살레 캐러멜) 150g

C 캐러멜 버터 크림
이탈리안 머랭 버터 크림 200g
A(버터 살레 캐러멜) 150g

D 밀크 프랄리네 글라사주
밀크초콜릿(40%) 350g
헤이즐넛 프랄리네 50g, 포도씨유 25g
아몬드 분태(전처리한 것) 70g

마무리
초콜릿 장식물 적당량
코코아파우더 적당량
카카오 닙 적당량

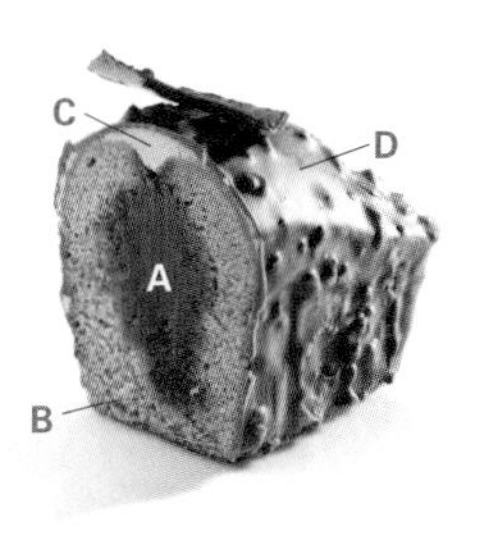

A 버터 살레 캐러멜

1 냄비에 설탕을 넣고 카라멜리제한다.
2 불에서 내려 뜨겁게 데운 생크림, 천일염을 넣고 섞는다.
3 다시 불에 올려 108℃까지 끓인다.
4 불에서 내려 60℃까지 식히고 포마드 상태의 버터를 넣어 핸드블렌더로 섞는다.

B 캐러멜 케이크

1 믹서볼에 포마드 상태의 버터, 미분당, 설탕을 넣고 크림 상태가 될 때까지 믹싱한다.
2 달걀을 조금씩 나누어 넣으면서 믹싱한 뒤 함께 체 친 박력분, 베이킹파우더를 넣고 믹싱한다.
3 23~25℃의 부드러운 A(버터 살레 캐러멜)를 넣고 섞는다.
4 6×14㎝ 크기의 미니 파운드케이크 틀에 140g씩 팬닝한다.
5 윗불 170℃, 아랫불 160℃ 데크 오븐에서 25분 동안 굽는다.
- 컨벡션 오븐일 경우 160℃ 오븐에서 25분 동안 굽는다.

C 캐러멜 버터 크림

1 볼에 부드러운 상태의 이탈리안 머랭 버터 크림을 넣고 푼 다음 A(버터 살레 캐러멜)를 넣고 섞는다.
- 이탈리안 머랭 버터 크림은 57p를 참고해 만든다.
- 이탈리안 머랭 버터 크림과 A(버터 살레 캐러멜)의 온도를 비슷하게 맞추어 섞는다.

D 밀크 프랄리네 글라사주

1 볼에 밀크초콜릿을 넣고 중탕으로 45℃까지 녹인 다음 헤이즐넛 프랄리네를 넣고 섞는다.
2 포도씨유, 아몬드 분태를 넣고 고루 섞는다.

마무리

1 부드러운 상태의 A(버터 살레 캐러멜)를 슈크림 깍지를 낀 짤주머니에 넣고 틀에서 뺀 B(캐러멜 케이크)의 왼쪽, 오른쪽, 가운데에 짜 넣는다.
- B(캐러멜 케이크)가 따뜻한 상태일 때 A(버터 살레 캐러멜)를 짜 넣는다.
2 완전히 식혀 윗면에 C(캐러멜 버터 크림)를 스패튤러로 얇게 바르고 냉동고에서 굳힌다.
3 겉면에 32~35℃의 D(밀크 프랄리네 글라사주)를 입히고 초콜릿 장식물, 코코아파우더, 카카오 닙으로 장식한다.

A 버터 살레 캐러멜 C 캐러멜 버터 크림
B 캐러멜 케이크 D 밀크 프랄리네 글라사주

Gâteau à Étages AUX FRAMBOISE 프랑부아즈 레이어 케이크

27×37×2.5㎝ 직사각형 틀 1개 분량

A 피스타치오 조콩드 비스퀴
아몬드 T.P.T 600g, 박력분 80g
달걀 300g, 트리몰린 6g
흰자 200g, 설탕 30g, 버터 50g
피스타치오 페이스트 60g

B 프랑부아즈 콩포트
프랑부아즈 퓌레 500g, 설탕 100g

C 프랑부아즈 버터 크림
이탈리안 머랭 버터 크림 750g
B(프랑부아즈 콩포트) 112g

D 망고 유자 콩포트
망고 퓌레 295g, 유자 주스 70g
바닐라 빈 1개, 설탕 75g
펙틴 NH 8g, 쿠앵트로 15g

E 프랑부아즈 글라사주
미루아르 250g
B(프랑부아즈 콩포트) 50g

마무리
식용 금박 적당량

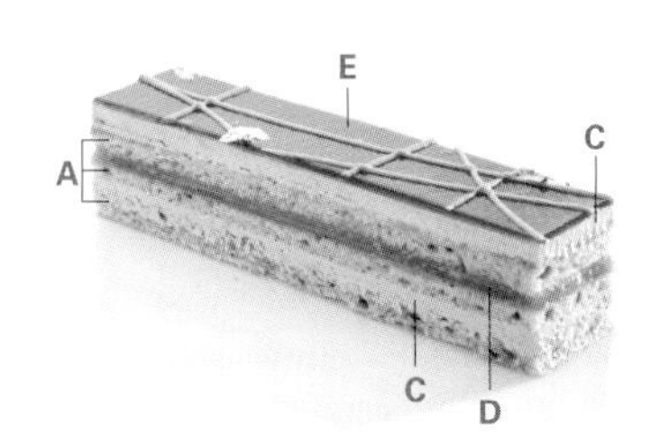

A 피스타치오 조콩드 비스퀴

1 믹서볼에 아몬드 T.P.T, 박력분, 달걀, 트리몰린을 넣고 고속에서 휘핑한다.
2 다른 믹서볼에 흰자, 설탕을 넣고 휘핑해 머랭을 만든다.
3 ①에 녹인 버터, 피스타치오 페이스트를 넣고 섞은 다음 ②를 넣고 고무 주걱으로 섞는다.
4 40×60㎝ 크기의 철팬에 550~600g씩 팬닝해 윗면을 평평하게 정리한다.
5 220℃ 컨벡션 오븐에서 6~7분 동안 굽는다.
- 데크 오븐일 경우 윗불 230℃, 아랫불 220℃ 오븐에서 8분 동안 굽고 식힌다.

6 27×37㎝ 크기의 직사각형으로 자른다.

B 프랑부아즈 콩포트

1 냄비에 프랑부아즈 퓌레, 설탕을 넣고 중약불에서 실리콘 주걱으로 저어가며 끓인다.
2 양이 절반으로 줄어들면 불에서 내린다.(60%Brix)

C 프랑부아즈 버터 크림

1 볼에 모든 재료를 넣고 거품기로 가볍게 휘핑한다.

D 망고 유자 콩포트

1 냄비에 망고 퓌레, 유자 주스, 바닐라 빈의 씨를 넣고 가열한다.
2 40℃가 되면 함께 섞은 설탕과 펙틴 NH를 넣고 거품기로 저어가며 85℃까지 가열한다.
3 쿠앵트로를 넣고 섞은 뒤 4℃까지 식히고 핸드블렌더로 부드럽게 푼다.

E 프랑부아즈 글라사주

1 볼에 모든 재료를 넣고 중탕으로 데워 텍스처를 묽게 만든다.

마무리

1 27×37×2.5㎝ 크기의 직사각형 틀에, 밑면에 녹인 화이트초콜릿(분량 외)을 얇게 바른 A(피스타치오 조콩드 비스퀴) 1장, C(프랑부아즈 버터 크림) 380g을 차례대로 넣어 스패튤러로 윗면을 평평하게 정리한다.
2 A(피스타치오 조콩드 비스퀴) 1장, D(망고 유자 콩포트) 410g을 차례대로 넣고 스패튤러로 윗면을 평평하게 정리한다.
3 남은 A(피스타치오 조콩드 비스퀴) 1장, C(프랑부아즈 버터 크림) 380g을 차례대로 넣고 스패튤러로 윗면을 평평하게 정리한다.
4 냉동고에서 굳힌 다음 틀을 제거하고 40℃의 E(프랑부아즈 글라사주)를 얇게 바른다.
5 코르네에 남은 C(프랑부아즈 버터 크림)를 넣어 윗면에 무늬를 그리고 식용 금박으로 장식한다.

A 피스타치오 조콩드 비스퀴　C 프랑부아즈 버터 크림　D 망고 유자 콩포트　E 프랑부아즈 글라사주

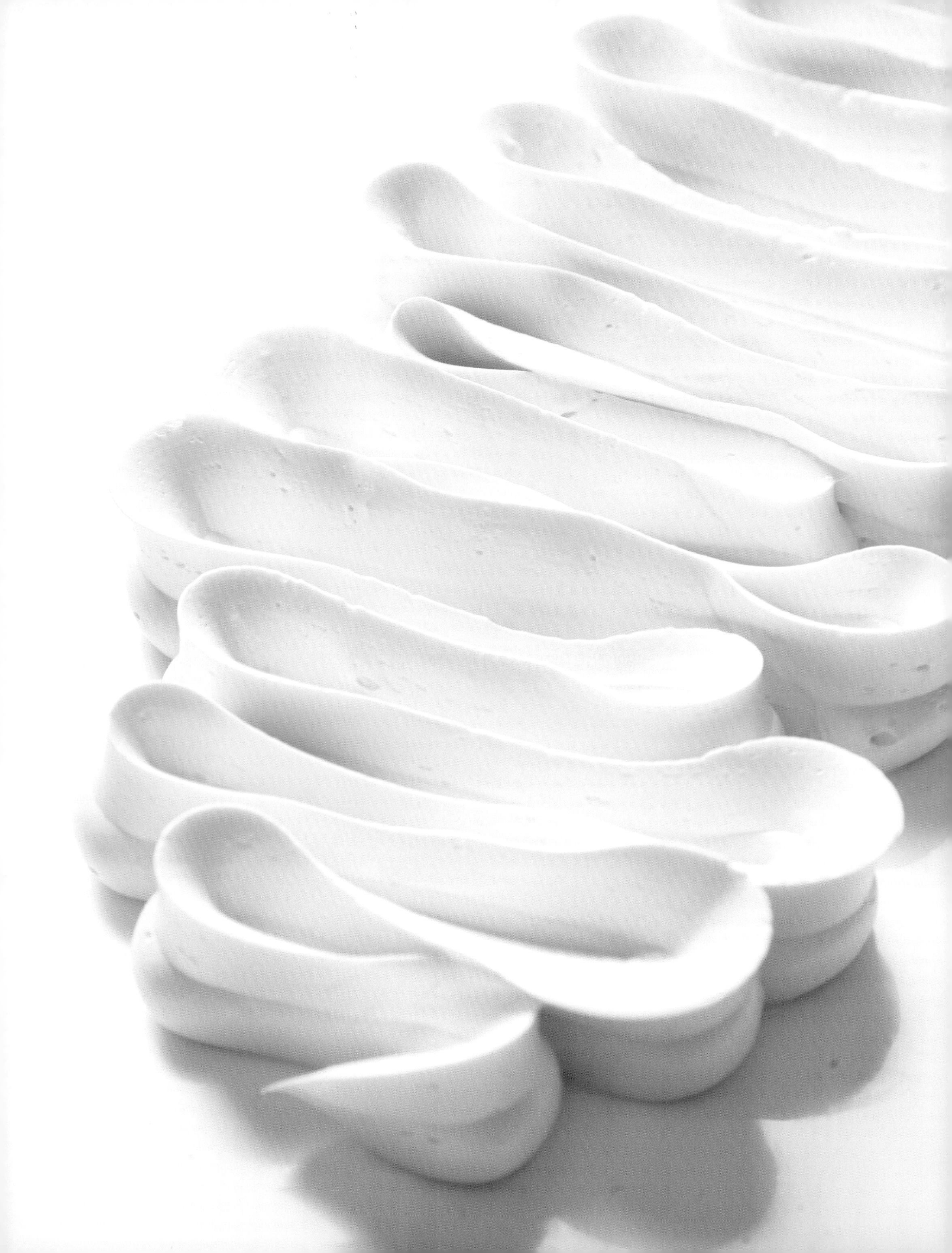

CRÈME AU BEURRE
À LA PÂTE À BOMBE

크렘 오 뵈르 아 라 파트 아 봄브

초기 버터 크림은 버터에 설탕을 넣어 단맛을 더한 것에서 출발했다. 이후 마리 앙투안 카렘(Marie-Antoine Carême), 오귀스트 에스코피에(Georges Auguste Escoffier) 등 천재적인 셰프들에 의해 맛과 식감이 개선된 다양한 제조법이 고안돼왔다. 이중 크렘 오 뵈르 아 라 파트 아 봄브(Crème au Beurre à la Pâte à Bombe)는 부드럽게 푼 버터에 노른자와 시럽을 섞어 거품 낸 아파레유를 더해 완성하는 크림이다. 맛이 깊고 진해 견과류, 초콜릿, 커피 등의 재료와 잘 어울리며 입 안에서 부드럽게 녹아드는 성격을 지닌다.

MAKE 크렘 오 뵈르 아 라 파트 아 봄브 만들기

준비하기

- 스테인리스 재질의 볼, 믹서볼, 냄비, 거품기, 온도계, 실리콘 주걱을 준비한다.
- 버터는 상온에 미리 꺼내 온도를 23~25℃로 맞춘다. 얼굴에 바르는 크림처럼 부드러운 상태가 좋다.
- 달걀의 노른자를 분리한다.
- 시럽을 끓일 때 사용할 여분의 물, 붓을 준비한다.

포인트

- 작업의 처음 단계부터 노른자를 고속에서 휘핑해 최대한 공기를 많이 포집한다.
- 이 레시피에 사용된 시럽은 물 대비 설탕의 양이 많은 배합이므로 중불에서 천천히 온도를 올려가며 끓인다. 중간중간 물 묻힌 붓으로 냄비 안쪽 가장자리에 튄 시럽을 닦아가며 가열한다.
- 시럽을 118℃ 이상 끓이면 파트 아 봄브의 농도가 더욱 짙어진다. 시럽의 온도가 지나치게 높으면 믹서볼 바닥에 시럽이 가라앉고 결정화돼 식감이 좋지 않다.
- 거품 낸 노른자에 시럽을 부을 때 거품기에 시럽이 닿지 않도록 믹서볼의 안쪽 벽을 따라 천천히 흘려 넣는다. 이때 휘핑 속도를 줄여 시럽이 볼 주변에 튀지 않도록 한다.
- 파트 아 봄브를 거품기로 떠 올려 리본을 그렸을 때 형태가 유지되면 완성이다.
- 버터와 파트 아 봄브는 온도 차가 거의 없는 상태에서 섞는다. 파트 아 봄브가 버터보다 차가우면 섞는 과정에서 버터가 덩어리지고 반대로 뜨거우면 버터가 녹아버린다.
- 가벼운 텍스처의 버터 크림을 완성하고 싶다면 휘핑한 버터를 파트 아 봄브에 넣고 섞는다.

보관법

- 남은 크렘 오 뵈르 아 라 파트 아 봄브(파트 아 봄브 버터 크림)는 표면에 랩을 밀착시키고 감싸 냉동고에서 보관했다가 사용 전날 냉장고에서 해동한다. 사용하기 전 버터 크림의 온도를 상온 상태로 맞춘 다음 휘핑하면 원래 상태로 복구할 수 있다.

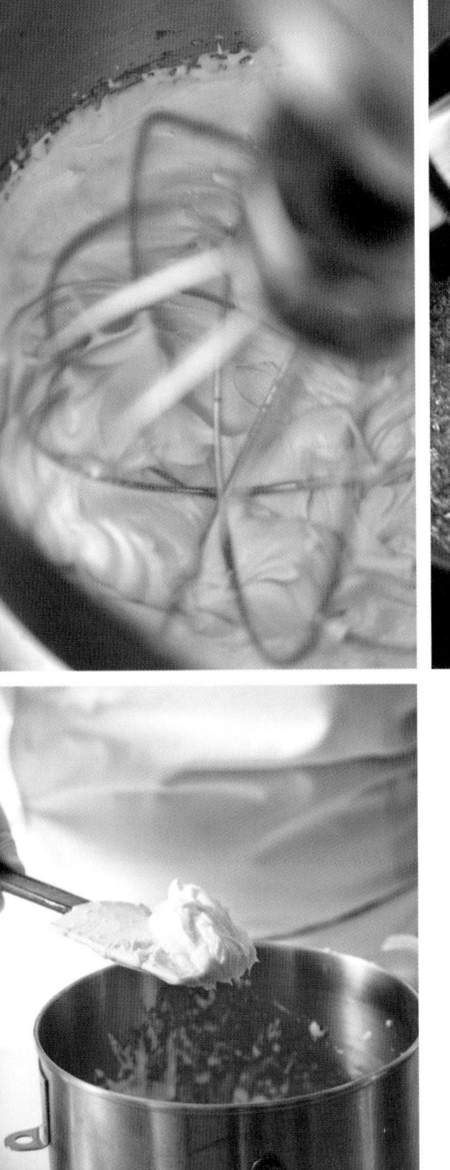

1 2 3
4 5

CRÈME AU BEURRE
À LA PÂTE À BOMBE

크렘 오 뵈르
아 라 파트 아 봄브

재료

노른자 75g
물 27g
설탕 100g
버터 230g

만드는 방법

1 믹서볼에 노른자를 넣고 고속에서 휘핑한다.

2 냄비에 물, 설탕을 넣고 118℃까지 끓인다.

- 시럽을 손가락으로 집었을 때 완전히 둥글고 부드러우며 누르면 평평해지는 '프티 불(petit boulé)' 형태이면 완성이다.

3 ①에 ②를 넣고 고속에서 25~30℃가 될 때까지 휘핑해 파트 아 봄브를 만든다.

4 포마드 상태의 버터를 3회에 걸쳐 나누어 넣으면서 비터로 믹싱한다.

- 작업장의 온도가 낮을 경우 토치로 믹서볼을 데워가며 믹싱한다.

5 완성된 버터 크림.(최종 온도: 23~25℃)

ABOUT 크렘 오 뵈르 아 라 파트 아 봄브

어떤 버터를 사용하는 것이 좋나요?

지방 함량이 82% 이상인 버터를 사용하는 것이 좋습니다. 제조사에 따라 맛과 향이 다르기 때문에 기호에 따라 버터를 선택하세요. 단 마가린, 컴파운드 버터와 같은 유지는 자체 향이 매우 강해 버터 크림의 맛에 영향을 끼칠 수 있으므로 추천하지 않습니다.

파트 아 봄브를 만들 때 노른자에 뜨거운 시럽을 넣는 이유는 무엇인가요?

노른자의 단백질 성분과 가열 과정에서 수분이 일부 증발한 따뜻한 시럽이 만나면 부분적으로 응고가 일어납니다. 이 결과로 거품이 안정적으로 유지돼 되직하고 걸쭉한 혼합물이 만들어지지요. 이밖에도 뜨거운 시럽을 부어 노른자의 온도를 높이면 노른자의 표면 장력이 약해져 거품이 풍성하게 잘 생성되며 살균의 효과까지 있습니다.

베이스가 되는 파트 아 봄브를 만들 때 주의할 점이 있나요?

노른자에 뜨거운 시럽을 섞을 때 노른자가 익지 않으려면 미리 공기를 포집해 두는 것이 안전합니다. 노른자는 다량의 지질로 구성돼 있어 많이 휘핑해도 분리가 일어나지 않아요. 따라서 작업의 처음 단계부터 노른자를 휘핑한 다음 적정 온도에 도달한 시럽을 천천히 흘려 넣으면서 휘핑하면 됩니다. 시럽의 온도가 지나치게 높으면 흘려 넣는 과정에서 시럽이 굳어버려 작업이 어려워지니 참고하세요. 보통 파트 아 봄브는 시럽을 부을 때 고속에서 휘핑하다가 어느 정도 볼륨이 생기고 시럽이 섞이면 중속으로 스탠드 믹서의 속도를 낮춰 25~30℃까지 식히며 휘핑합니다.

파트 아 봄브와 버터를 매끄럽게 섞으려면 어떻게 해야 하나요?

다른 버터 크림과 마찬가지로 미리 버터를 상온에 꺼내 온도를 약 20~25℃로 맞춰 사용합니다. 차갑고 단단한 상태의 버터는 거품 낸 파트 아 봄브와 섞기 힘들어요. 따라서 버터를 부드럽게 푼 다음 파트 아 봄브와 섞어 주세요. 온도 차로 인해 분리 현상이 생겼다면 토치로 볼을 데워가며 섞으세요. 크림의 최종 온도는 23~25℃가 좋습니다.

버터 크림을 언제까지 휘핑해야 하나요?

버터 크림을 계속 휘핑하다보면 크림의 색이 옅어지면서 점점 볼륨이 생기는데 그 정도에 따라 버터 크림의 맛이 달라집니다. 휘핑을 너무 적게 하면 버터의 맛이 강하고, 과도하게 휘핑하면 부드럽지만 버터의 풍미는 약해져요. 따라서 만들고 싶은 제품에 따라 휘핑 정도를 조절하세요. 일반적으로 입 안에서 사르르 녹고 버터의 향이 풍부한 상태까지 휘핑하면 됩니다. 일정한 상태의 버터 크림을 만들고 싶다면 본인이 선호하는 텍스처의 버터 크림을 완성한 다음 그 비중을 체크해 기준으로 삼고 작업해보세요.

비중 재는 방법

①비중 컵에 물을 넣고 무게를 잰다.
②같은 비중 컵에 물과 같은 양의 크림 또는 반죽을 넣고 무게를 잰다.

$$비중 = \frac{크림(또는\ 반죽)\ 무게}{물\ 무게}$$

크렘 오 뵈르 아 라 파트 아 봄브는 어떤 특징이 있나요?

이탈리안 머랭 베이스의 버터 크림과 비교했을 때 더 농후하고 묵직한 식감이 납니다. 이러한 특성으로 인해 초콜릿, 견과류 페이스트 등 진한 향과 맛의 재료와 잘 어울리지요. 이때 초콜릿 가나슈나 견과류 페이스트, 프랄리네는 버터 크림 대비 10~30% 정도 첨가해 응용하면 됩니다. 파트 아 봄브 버터 크림은 보형성도 좋아 제과 전반에 다채롭게 활용하기 좋습니다. 조금 더 가벼운 텍스처로 만들고 싶다면 버터를 따로 휘핑해 파트 아 봄브와 섞으세요.

Paris- 파리 브레스트 BREST

지름 6㎝ 원형 12개 분량

A 슈 반죽

우유 200g, 물 200g
소금 6g, 설탕 8g, 버터 180g
T55(프랑스 밀가루) 220g
달걀 400g, 미분당 적당량
아몬드 분태 100g
헤이즐넛 분태 100g
하겔 슈거 30g

B 아몬드 헤이즐넛 프랄리네

설탕 170g, 물 42g
아몬드 125g, 헤이즐넛 125g
바닐라 빈 1/2개

C 파트 아 봄브 버터 크림

노른자 75g, 설탕 100g
물 27g, 버터 230g

D 프랄리네 크림

파티시에 크림 800g
B(아몬드 헤이즐넛 프랄리네) 250g
C(파트 아 봄브 버터 크림) 100g
버터 400g

A 슈 반죽

1 냄비에 우유, 물, 소금, 설탕, 버터를 넣고 끓인다.
2 체 친 T55를 넣고 섞은 다음 나무 주걱으로 저어 호화시킨다.
3 믹서볼에 옮겨 달걀을 조금씩 나누어 넣으면서 비터로 믹싱한다.
4 지름 1.5㎝ 원형 모양깍지를 낀 짤주머니에 넣고 실리콘 페이퍼를 깐 철팬에 지름 6㎝ 도넛 모양으로 짠다.
5 미분당을 고루 뿌린다.
6 아몬드 분태, 헤이즐넛 분태, 하겔 슈거를 고루 뿌리고 철팬을 뒤집어 털어낸다.
7 윗불 160℃, 아랫불 170℃ 데크 오븐에서 20분 동안 굽고 윗불 180℃, 아랫불 170℃로 오븐의 온도를 조절해 10분 동안 구운 다음 댐퍼를 열어 15~20분 동안 더 굽는다.
- 슈의 윗면이 갈색이 나면 댐퍼를 연다.
- 컨백션 오븐일 경우 180℃로 예열한 오븐의 온도를 160℃로 낮춰 30~40분 동안 굽는다.

B 아몬드 헤이즐넛 프랄리네

1 냄비에 설탕, 물을 넣고 116~118℃까지 끓인다.
2 불에서 내려 아몬드, 헤이즐넛, 바닐라 빈의 씨를 넣고 크리스탈리제한다.
- 크리스탈리제(cristalliser): 과일이나 당과류의 겉면에 설탕 또는 시럽을 입히는 작업.
3 다시 불에 올려 카라멜리제한다.
4 실리콘 매트에 펼쳐 붓고 식힌다.
5 블렌더에 넣고 곱게 간다.

C 파트 아 봄브 버터 크림

1 믹서볼에 노른자를 넣고 휘핑한다.
2 냄비에 설탕, 물을 넣고 118℃까지 끓여 시럽을 만든다.
3 ①에 ②를 천천히 부으면서 상온 상태가 될 때까지 고속에서 휘핑해 파트 아 봄브를 만든다.
4 포마드 상태의 버터를 3회에 걸쳐 나누어 넣으면서 비터로 믹싱한다.

D 프랄리네 크림

1 파티시에 크림의 온도를 23℃로 맞춰 거품기로 부드럽게 푼 다음 B(아몬드 헤이즐넛 프랄리네)를 넣고 섞는다.
2 23℃로 온도를 맞춘 C(파트 아 봄브 버터 크림)와 포마드 상태의 버터를 넣고 휘핑한다.

마무리

데코스노우 적당량
헤이즐넛 분태 적당량

마무리

1 A(슈 반죽)를 반으로 슬라이스해 윗부분과 아랫부분으로 나눈다.
2 아랫부분 A(슈 반죽)의 가운데에 짤주머니에 넣은 B(아몬드 헤이즐넛 프랄리네)를 1줄 짠다.
3 지름 1.2㎝ 별 모양깍지를 낀 짤주머니에 D(프랄리네 크림)를 넣고
B(아몬드 헤이즐넛 프랄리네)의 윗면에 돌려 짠다.
4 윗부분 A(슈 반죽)를 올리고 데코스노우를 가볍게 뿌린다.
5 윗면에 남은 B(아몬드 헤이즐넛 프랄리네)를 1줄 짜고 헤이즐넛 분태를 올려 장식한다.

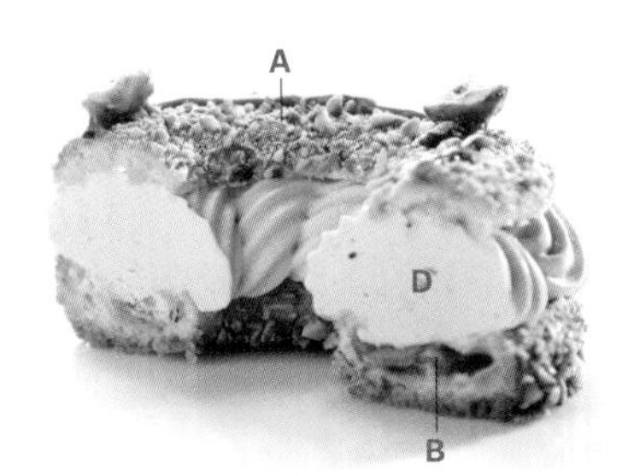

A 슈 반죽
B 아몬드 헤이즐넛 프랄리네
D 프랄리네 크림

CIGARE
Thé Vert 녹차 잎 시가

길이 15㎝ 막대형 12개 분량

A 초콜릿 조콩드 비스퀴
아몬드 T.P.T 300g, 달걀 200g
흰자 135g, 설탕 50g, 버터 30g
코코아파우더 8g, 옥수수 전분 4g
박력분 20g

B 녹차 가나슈
멸균크림 200g, 녹차 잎 8g
트리몰린 20g, 버터 25g
밀크초콜릿(35%) 225g
다크초콜릿(64%) 75g

C 파트 아 봄브 버터 크림
노른자 75g, 설탕 100g
물 27g, 버터 230g

마무리
초콜릿 적당량
코코아파우더 적당량
초콜릿 장식물 적당량

A 초콜릿 조콩드 비스퀴
1 믹서볼에 아몬드 T.P.T, 달걀을 넣고 5분 동안 휘핑한다.
2 차가운 상태의 흰자에 설탕을 2회에 걸쳐 나눠 넣고 휘핑해 단단한 머랭을 만든다.
3 ①에 녹인 버터를 넣고 섞은 다음 ②의 1/3을 넣고 고무 주걱으로 부드럽게 섞는다.
4 함께 체 친 코코아파우더, 옥수수 전분, 박력분, 남은 ②를 넣고 부드럽게 섞는다.
5 실리콘 페이퍼를 깐 40×60㎝ 크기의 철팬에 반죽을 550g씩 팬닝해 윗면을 스패튤러로 평평하게 정리한다.
6 220℃ 컨벡션 오븐에서 7분 동안 굽고 식힌다.
7 실리콘 페이퍼에서 떼어내 6×14㎝ 크기의 직사각형으로 자른다.

B 녹차 가나슈
1 냄비에 멸균크림, 녹차 잎, 트리몰린, 버터를 넣고 끓인다.
2 볼에 밀크초콜릿, 다크초콜릿을 넣고 체에 거른 ①을 부어 실리콘 주걱으로 유화시킨다.
3 실온(17℃)에서 짤 수 있는 되기가 될 때까지 굳힌다.
4 지름 1㎝ 원형 모양깍지를 낀 짤주머니에 넣고 철팬에 길이 50㎝ 막대 모양, 지름 1.5㎝ 돔 모양으로 각각 짠다.
5 실온(17℃)에서 12시간 동안 굳히고 막대 모양 가나슈를 길이 14㎝로 자른다.

C 파트 아 봄브 버터 크림
1 믹서볼에 노른자를 넣고 휘핑한다.
2 냄비에 설탕, 물을 넣고 118℃까지 끓여 시럽을 만든다.
3 ①에 ②를 천천히 부으면서 상온 상태가 될 때까지 고속에서 휘핑해 파트 아 봄브를 만든다.
4 포마드 상태의 버터를 3회에 걸쳐 나눠 넣으며 비터로 믹싱한다.

마무리
1 A(초콜릿 조콩드 비스퀴)에 C(파트 아 봄브 버터 크림)를 얇게 바르고 막대 모양 B(녹차 가나슈)를 올린다.
2 한 바퀴 돌려 만 다음 양 끝에 돔 모양 B(녹차 가나슈)를 붙이고 랩으로 감싸 냉동고에서 굳힌다.
3 랩을 제거해 겉면에 녹인 초콜릿을 바르고 코코아파우더를 묻힌다.
4 초콜릿 장식물을 붙인다.

A 초콜릿 조콩드 비스퀴
B 녹차 가나슈　C 파트 아 봄브 버터 크림

Comme 콤 피스타슈 PISTACHE

지름 10㎝ 원형 틀 6개 분량

A 피스타치오 레몬 다쿠아즈
흰자 250g, 설탕 100g
아몬드파우더 185g
피스타치오파우더 70g
미분당 215g, 버터 60g
레몬 제스트 2개 분량

B 루바브 딸기 콩포트
루바브(냉동) 150g, 딸기 120g
레몬 제스트 1/2개 분량
설탕 30g, 펙틴 NH 3g

C 피스타치오 버터 크림
노른자 75g, 물 27g
설탕 100g, 버터 230g
피스타치오 페이스트 55g

마무리
초콜릿 링 적당량
초콜릿 장식물 적당량
식용 금박 적당량

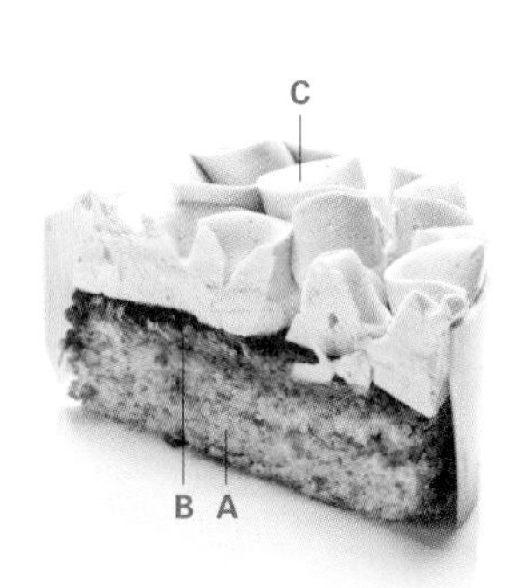

A 피스타치오 레몬 다쿠아즈

1 흰자에 설탕을 조금씩 나누어 넣으면서 휘핑해 단단한 머랭을 만든다.
2 함께 체 친 아몬드파우더, 피스타치오파우더, 미분당을 넣고 고무 주걱으로 가볍게 섞는다.
3 반죽의 일부를 덜어 녹인 버터, 레몬 제스트를 넣고 섞은 다음 남은 반죽에 넣고 섞는다.
4 지름 10㎝, 높이 2㎝ 원형 타르트 틀에 팬닝해 170℃ 컨벡션 오븐에서 25분 동안 굽는다.

B 루바브 딸기 콩포트

1 볼에 루바브, 딸기, 레몬 제스트, 설탕 2/3를 넣고 냉장고에서 24시간 동안 재운다.
2 냄비에 옮겨 중불에서 과육이 부드러워질 때까지 가열하고 핸드블렌더로 간다.
3 40℃가 되면 함께 섞은 남은 설탕과 펙틴 NH를 넣고 거품기로 고루 섞는다.
4 90℃까지 가열하고 잠깐 식힌 다음 표면에 랩을 밀착시켜 냉장고에서 보관한다.

C 피스타치오 버터 크림

1 믹서볼에 노른자를 넣고 고속에서 휘핑한다.
2 냄비에 물, 설탕을 넣고 118℃까지 끓인다.
3 ①에 ②를 조금씩 넣어가며 고속에서 휘핑해 파트 아 봄브를 만든다.
4 포마드 상태의 버터를 3회에 걸쳐 나누어 넣고 믹싱한다.
5 피스타치오 페이스트를 넣고 섞는다.

마무리

1 생토노레 모양깍지를 낀 짤주머니에 C(피스타치오 버터 크림)를 넣고 실리콘 매트에 불규칙하게 짠다.
2 냉동고에서 10분 동안 굳힌 다음 지름 10㎝ 세르클로 자른다.
3 틀에서 뺀 A(피스타치오 레몬 다쿠아즈)에 B(루바브 딸기 콩포트)를 바르고 ②를 올려 고정시킨다.
4 가장자리에 초콜릿 링을 두른 다음 초콜릿 장식물, 식용 금박으로 장식한다.

A 피스타치오 레몬 다쿠아즈
B 루바브 딸기 콩포트 C 피스타치오 버터 크림

CRÈME AU BEURRE
À LA CRÈME ANGLAISE

크렘 오 뵈르 아 라 크렘 앙글레즈

크렘 앙글레즈와 부드럽게 푼 버터를 혼합해 만드는 버터 크림이다. 텍스처는 이탈리안 머랭 버터 크림과 파트 아 봄브 버터 크림의 중간 정도로 수분이 많아 보형성은 다소 떨어지는 단점이 있다. 하지만 우유가 많이 들어가 고소한 풍미가 돋보이며 부드럽게 녹아드는 식감이 일품이다. 크림을 만들 때 우유에 찻잎, 향신료 등을 넣어 향을 우리면 다양한 플레이버의 버터 크림을 쉽게 완성할 수 있다.

MAKE 크렘 오 뵈르 아 라 크렘 앙글레즈 만들기

준비하기

- 스테인리스 재질의 냄비, 믹서볼, 거품기, 실리콘 주걱, 온도계, 체를 준비한다.
- 버터는 상온에 미리 꺼내 온도를 23~25℃로 맞춘다. 버터의 되기는 손가락에 힘을 주지 않고 버터를 눌렀을 때 움푹 들어가는 정도가 알맞다.
- 바닐라 빈은 반으로 갈라 씨와 깍지를 분리한다.
- 달걀의 노른자를 분리한다.

포인트

- 우유, 바닐라 빈, 설탕을 넣고 끓일 때 중간중간 냄비 손잡이를 잡고 돌려 우유의 온도를 균일하게 맞춘다.
- 노른자와 남은 설탕은 바로 섞어 덩어리지지 않게 한다. 이때 설탕이 녹을 정도로만 가볍게 휘핑한다.
- 크렘 앙글레즈를 만들 때는 약한 불에서 천천히 온도를 올리며 가열해야 한다. 강한 불에서 가열하면 노른자가 급속히 익어 덩어리가 생긴다.
- 실리콘 주걱 대신 거품기로 저어가며 가열해도 된다. 단, 초보자는 거품기를 사용했을 때 크림을 태울 수 있고 거품 또한 많이 생기므로 실리콘 주걱을 사용할 것을 권장한다.
- 노른자가 익어 크렘 앙글레즈에 작은 덩어리가 생겼다면 핸드블렌더로 갈아 정리한다.
- 크렘 앙글레즈와 버터의 온도가 맞지 않아 버터가 분리된 경우 토치로 믹서볼을 살짝 데워가며 휘핑한다.
- 많은 양을 만들 때는 크렘 앙글레즈와 버터를 따로 휘핑한 뒤 섞는다.

보관법

- 남은 크렘 오 뵈르 아 라 크렘 앙글레즈(앙글레즈 크림 버터 크림)는 표면에 랩을 밀착시키고 감싸 냉동고에서 보관했다가 사용 전날 냉장고에서 해동한다. 사용하기 전 버터 크림의 온도를 상온 상태로 맞춘 다음 휘핑하면 원래 상태로 복구할 수 있다.

1 2 3
5

CRÈME AU BEURRE À LA CRÈME ANGLAISE 크렘 오 뵈르 아 라 크렘 앙글레즈

재료

우유 120g
바닐라 빈 1개
설탕 100g
노른자 100g
버터 400g

만드는 방법

1 냄비에 우유, 바닐라 빈의 씨와 깍지, 설탕 1/2을 넣고 가열한다.
2 함께 섞은 노른자와 남은 설탕에 ①을 붓고 섞은 뒤 체에 걸러 다시 냄비에 옮긴다.
3 83~85℃까지 실리콘 주걱으로 저어가며 가열해 크렘 앙글레즈를 만든다.
4 믹서볼에 옮겨 고속에서 휘핑하며 25~30℃까지 식힌다.
5 포마드 상태의 버터를 2~3회에 걸쳐 나누어 넣으며 휘핑한다. (최종 온도: 23~25℃).

ABOUT 크렘 오 뵈르 아 라 크렘 앙글레즈

크렘 오 뵈르 아 라 크렘 앙글레즈의 특징을 알고 싶어요.

버터와 크렘 앙글레즈가 함께 섞인 크림이에요. 다른 종류의 버터 크림과 비교했을 때 눈에 띄게 다른 점이라면 수분을 많이 함유하고 있다는 것이지요. 때문에 굉장히 부드럽고 입 안에서 살살 녹는 식감이 납니다. 이러한 특성 덕분에 오페라와 같이 클래식한 케이크부터 마카롱까지 다양한 제품에 활용할 수 있어요.

*** 크렘 오 뵈르 종류에 따른 특징**

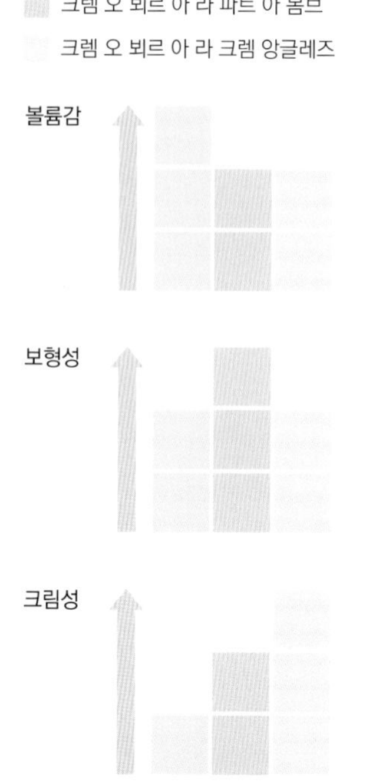

크렘 앙글레즈를 과도하게 끓여 덩어리가 크게 생겼어요.

덩어리의 크기가 작다면 핸드블렌더로 갈아 다시 복구할 수 있어요. 하지만 에그 스크램블과 같이 덩어리가 크게 생겼다면 핸드블렌더로 갈아도 복구할 수 없고 좋지 않은 냄새까지 납니다. 이 경우 사용하지 말고 다시 만들어야 합니다.

크렘 앙글레즈와 섞는 '포마드 상태의 버터'란 어떤 버터를 의미하나요?

포마드(Pommade)는 프랑스어로 '크림', '연고' 등을 뜻하는 단어로 제과에서는 상온에 두어 말랑말랑하고 덩어리가 없이 부드러운 상태의 버터를 의미합니다. 이때 버터의 온도는 23~25℃이며 손가락으로 살짝 눌렀을 때 크림처럼 움푹 들어가는 모양을 보입니다. 한편, 버터는 크림처럼 부드러운 성질 외에도 아래 표와 같은 기능과 성질을 지니고 있으니 작업할 때 참고하세요.

*** 버터의 기능과 성질**

가소성	쇼트닝성	크림성
고체이면서 물리적인 힘을 가하면 그 형태가 자유롭게 변하는 성질. 버터의 가소성은 13~18℃에서 나타나며 사블레, 푀이타주 반죽 등을 만들 때 이 온도의 버터를 넣는다.	쿠키나 파이 등을 무르고 부수기 쉽게 만드는 성질. 버터의 쇼트닝성은 밀가루의 글루텐 형성을 방해해 제품에 부드러움과 바삭한 식감이 나게 한다.	고체나 반고체 상태의 지방을 빠르게 휘저으면 지방 안에 공기가 들어가 부피가 증가하고 질감과 색이 부드럽고 하얗게 변한다. 버터의 크림성이 발현되는 최적의 온도는 23~ 25℃. 버터 크림, 파운드케이크 등을 만들 때 이 온도의 버터를 사용한다.

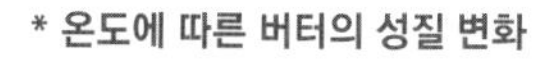

*** 온도에 따른 버터의 성질 변화**

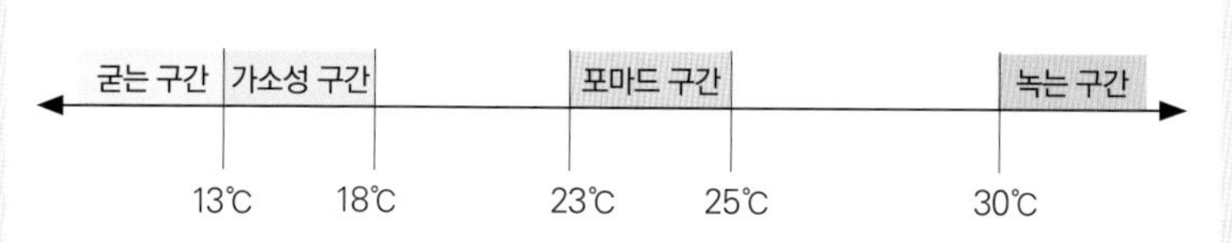

크렘 앙글레즈와 버터를 섞을 때 분리가 일어났어요. 어떻게 하면 복구할 수 있나요?

크렘 앙글레즈와 버터의 온도가 맞지 않아 일어난 현상이에요. 23~25℃로 온도를 맞춘 버터는 단단하지도 녹지도 않아 크렘 앙글레즈와 혼합했을 때 매끄럽게 잘 섞입니다. 버터의 온도가 크렘 앙글레즈보다 낮다면 믹서볼을 토치로 살짝 데워 온도를 올려주세요. 반대로 크렘 앙글레즈보다 버터의 온도가 높다면 잠시 냉장고에서 보관해 온도를 낮춘 뒤 휘핑하면 됩니다. 완성한 버터 크림의 온도는 23~25℃가 좋습니다.

크렘 앙글레즈와 버터를 섞는 방법에 따라 맛에 차이가 나나요?

걸쭉한 소스 형태로 완성된 크렘 앙글레즈에 부드럽게 푼 버터를 넣고 거품기로 고루 섞으면 우유와 버터의 풍미가 진하게 밴 깊은 맛의 크림을 완성할 수 있어요. 조금 더 산뜻한 맛을 원한다면 다 끓인 크렘 앙글레즈를 믹서볼에 넣고 고속에서 휘핑한 뒤 버터와 섞어주세요. 이때 버터도 따로 휘핑해 섞으면 훨씬 부드럽고 가벼운 맛의 크림을 얻을 수 있답니다.

다른 맛을 첨가하고 싶은데 방법을 알려주세요.

베이스가 되는 크렘 앙글레즈의 맛에 변형을 줘 다양하게 응용할 수 있어요. 크렘 앙글레즈를 끓일 때 생크림 또는 우유에 향신료나 찻잎, 커피 원두 등을 넣어 향을 우리고 이것을 베이스로 크림을 끓이면 다양한 맛을 표현할 수 있지요. 또는 수분이 적은 커피 농축액이나 농축된 과일 퓌레를 첨가해 맛에 변화를 줄 수도 있어요. 한편, 마지막에 이탈리안 머랭을 추가하거나 버터 대신 이탈리안 머랭 베이스의 버터 크림을 함께 섞으면 한결 가벼운 식감의 버터 크림을 만들 수 있습니다.

Opéra

오페라
OPÉRA

27×37×2.5㎝ 직사각형 틀 1개 분량

A 조콩드 비스퀴
아몬드 T.P.T 600g, 박력분 80g
달걀 400g, 흰자 267g
설탕 40g, 버터 60g

B 오페라 가나슈
우유 100g, 생크림 43g
다크초콜릿A(50%) 70g
다크초콜릿B(66%) 70g, 버터 40g

C 커피 버터 크림
우유 120g, 바닐라 빈 1/2개 분량
설탕A 50g, 노른자 100g
설탕B 50g, 버터 400g
이탈리안 머랭 100g
커피 농축액 13g

D 커피 시럽
물 270g, 커피 원두 25g
시럽 450g, 커피 농축액 34g
인스턴트 커피 16g

A 조콩드 비스퀴

1 믹서볼에 아몬드 T.P.T, 박력분, 달걀을 넣고 고속에서 휘핑한다.
2 다른 믹서볼에 흰자, 설탕을 넣고 휘핑해 머랭을 만든다.
3 ①에 녹인 버터를 넣고 섞은 다음 ②를 조금씩 나누어 넣으며 고무 주걱으로 섞는다.
4 40×60㎝ 크기의 철팬에 반죽을 550~600g씩 팬닝해 스패튤러로 윗면을 평평하게 정리한다.
5 220℃ 컨벡션 오븐에서 6~7분 동안 굽고 식힌다.
- 데크 오븐일 경우 윗불 230℃, 아랫불 220℃ 오븐에서 8분 동안 굽는다.

6 27×37㎝ 크기의 직사각형으로 자른다.

B 오페라 가나슈

1 냄비에 우유, 생크림을 넣고 끓인다.
2 볼에 다크초콜릿A, B를 다져 넣고 ①을 부어 실리콘 주걱으로 유화시킨다.
3 40℃까지 식으면 포마드 상태의 버터를 넣고 거품기로 섞는다.

C 커피 버터 크림

1 우유, 바닐라 빈의 씨와 깍지, 설탕A를 넣고 끓인다.
2 볼에 노른자, 설탕B를 넣고 거품기로 가볍게 휘핑한다.
3 ①을 붓고 섞은 다음 체에 걸러 다시 냄비에 옮긴다.
4 85℃까지 실리콘 주걱으로 저어가며 가열한다.
5 믹서볼에 옮겨 식을 때까지 고속에서 휘핑한다.
6 포마드 상태의 버터를 3회에 걸쳐 나누어 넣고 휘핑한다.
7 이탈리안 머랭을 넣고 고무 주걱으로 섞은 다음 커피 농축액을 넣고 부드럽게 섞는다.
- 이탈리안 머랭은 물 100g, 설탕 350g, 흰자 175g으로 만든 것을 사용한다.

8 275g을 계량하고 나머지는 마무리용으로 보관한다.

D 커피 시럽

1 냄비에 물을 넣고 끓인 뒤 작게 부순 커피 원두를 넣고 10분 동안 향을 우린다.
2 시럽, 커피 농축액, 인스턴트 커피를 넣고 섞은 다음 체에 거른다.
- 시럽은 물 1000g, 설탕 1350g으로 만들어 사용한다.

E 오페라 글라사주

다크초콜릿(55%) 55g
파트 아 글라세 다크 200g
식용유 45g

F 오페라 데커레이션

카카오페이스트 200g
물엿 100g, 시럽 50g

마무리

식용 금박 적당량

E 오페라 글라사주

1 볼에 중탕으로 녹인 다크초콜릿, 파트 아 글라세 다크와 식용유를 넣고 섞는다.
- 기포가 생기지 않도록 주의하며 섞는다.

2 체에 거른다.

F 오페라 데커레이션

1 볼에 중탕으로 녹인 카카오페이스트, 물엿, 시럽을 넣고 고루 섞는다.
- 시럽은 물 1000g, 설탕 1350g으로 만들어 사용한다.
- 시럽으로 전체적인 되기를 조절한다.

마무리

1 27×37×2.5㎝ 크기의 직사각형 무스케이크 틀에, 밑면에 녹인 초콜릿(분량 외)을 얇게 바른 A(조콩드 비스퀴) 1장을 넣고 D(커피 시럽) 250g을 붓으로 발라 비스퀴를 충분히 적신다.
2 C(커피 버터 크림) 275g을 넣고 스패튤러로 윗면을 평평하게 정리한 다음 A(비스퀴 조콩드) 1장을 넣고 D(커피 시럽) 250g을 붓으로 바른다.
3 B(오페라 가나슈) 전량을 넣고 스패튤러로 윗면을 평평하게 정리한 다음 A(비스퀴 조콩드) 1장을 넣고 D(커피 시럽) 250g을 붓으로 바른다.
4 남은 C(커피 버터 크림)를 넣고 스패튤러로 윗면을 평평하게 정리해 냉장고에서 굳힌다.
5 틀에서 빼 케이크의 온도가 10~15℃가 될 때까지 상온에 둔다.
6 35~40℃로 온도를 맞춘 E(오페라 글라사주)를 붓고 스패튤러로 윗면을 평평하게 정리한다.
7 코르네에 F(오페라 데커레이션)를 넣고 ⑥의 윗면에 'Opéra' 글씨를 쓴다.
8 식용 금박으로 장식한다.

A 조콩드 비스퀴
B 오페라 가나슈
C 커피 버터 크림
D 커피 시럽
E 오페라 글라사주
F 오페라 데커레이션

MACARONS aux Fruits Rouges et au Thé Noir
붉은 과일&홍차 마카롱

지름 3㎝ 원형 30개 분량

A 붉은색 코크
아몬드 T.P.T 250g, 미분당 50g
흰자 100g, 설탕 75g
빨간색 식용 색소 6g

B 초콜릿 코크
아몬드 T.P.T 250g, 미분당 50g
코코아파우더 6g, 흰자 100g
설탕 75g

C 홍차 버터 크림
우유 125g, 설탕A 60g
홍차 잎 3g, 노른자 85g
설탕B 45g, 버터 350g
이탈리안 머랭 40g

A 붉은색 코크

1 분쇄기에 아몬드 T.P.T, 미분당을 넣고 곱게 간 다음 체 친다.
2 믹서볼에 흰자, 설탕 1/3을 넣고 저속에서 80%까지 휘핑한다.
3 남은 설탕에 빨간색 식용 색소를 넣고 섞은 다음 ②에 넣고 고속에서 휘핑한다.
4 ①을 넣고 실리콘 주걱으로 섞은 다음 알맞은 비중이 될 때까지 마카로나주한다.
- 마카로나주(macaronage): 마카롱을 만드는 데 적합한 상태가 되도록 마카롱 반죽을 섞어 굳기를 조절하는 것.

5 지름 1.2㎝ 원형 모양깍지를 낀 짤주머니에 ④를 넣고 실리콘 페이퍼를 깐 철팬에 지름 3㎝ 원형으로 짠다.

6 철팬을 바닥에 살짝 내리쳐 반죽이 퍼지게 한 뒤 상온에서 20분 동안 건조시킨다.
7 160℃ 컨벡션 오븐에서 댐퍼를 닫고 3분 동안 구운 다음 철팬을 돌리고 댐퍼를 열어 7~8분 동안 더 굽는다.
- 데크 오븐일 경우 윗불 160℃, 아랫불 160℃ 오븐에서 12분 동안 굽는다.

8 그릴에 옮겨 식힌다.

B 초콜릿 코크

1 분쇄기에 아몬드 T.P.T, 미분당, 코코아파우더를 넣고 곱게 간 다음 체 친다.
2 흰자에 설탕을 조금씩 나눠 넣으면서 저속에서 80%까지 휘핑한다.
3 ①을 넣고 실리콘 주걱으로 섞은 다음 알맞은 비중이 될 때까지 마카로나주한다.
4 지름 1.2㎝ 원형 모양깍지를 낀 짤주머니에 넣고 실리콘 페이퍼를 깐 철팬에 지름 3㎝ 원형으로 짠다.
5 철팬을 바닥에 살짝 내리쳐 반죽이 퍼지게 한 뒤 상온에서 20분 동안 건조시킨다.
6 160℃ 컨벡션 오븐에서 댐퍼를 닫고 3분 동안 구운 다음 철팬을 돌리고 댐퍼를 열어 7~8분 동안 더 굽고 그릴에 옮겨 식힌다.
- 데크 오븐일 경우 윗불 160℃, 아랫불 160℃ 오븐에서 12분 동안 굽는다.

C 홍차 버터 크림

1 냄비에 우유, 설탕A, 홍차 잎을 넣고 끓인 뒤 불에서 내려 랩을 씌우고 3~5분 동안 향을 우린다.
- 홍차 잎은 다만프레르사(社)의 자뎅 블루를 사용했다.

2 볼에 노른자, 설탕B를 넣고 거품기로 섞은 다음 ①을 붓고 섞는다.
3 체에 걸러 다시 냄비에 옮기고 실리콘 주걱으로 저어가며 85℃까지 가열한다.
4 믹서볼에 옮겨 30℃가 될 때까지 고속에서 휘핑한다.
5 포마드 상태의 버터를 넣고 섞은 다음 이탈리안 머랭을 넣고 섞는다.

마무리

1 A(붉은색 코크)와 B(초콜릿 코크) 사이에 짤주머니를 이용해 C(홍차 버터 크림)를 짜고 샌드한다.

A 붉은색 코크 B 초콜릿 코크 C 홍차 버터 크림

SUCCÈS
aux Amandes 아몬드 쉭세

지름 18㎝ 원형 2개 분량

A 쉭세 비스퀴
흰자 175g, 설탕A 95g
아몬드 T.P.T 175g
설탕B 80g, 우유 19g

B 프랄리네트
설탕 200g, 물 50g
아몬드 분태 200g

C 프랄리네 버터 크림
우유 120g, 바닐라 빈 1개
설탕 100g, 노른자 100g
버터 400g, 이탈리안 머랭 100g
B(프랄리네트) 160g

마무리
데코스노우 적당량

A 쉭세 비스퀴
1 흰자에 설탕A를 조금씩 나눠 넣어가며 휘핑해 단단한 머랭을 만든다.
2 함께 체 친 아몬드 T.P.T, 설탕B를 넣고 고무 주걱으로 섞는다.
3 우유를 넣고 부드럽게 섞은 다음 지름 1.5㎝ 원형 모양깍지를 낀 짤주머니에 넣는다.
4 실리콘 페이퍼를 깐 철팬에 지름 18㎝ 달팽이 모양으로 짠다.
5 130℃ 컨벡션 오븐에서 1시간 30분 동안 굽는다.

B 프랄리네트
1 냄비에 설탕, 물을 넣고 117℃까지 끓여 시럽을 만든다.
2 아몬드 분태를 넣고 불에서 내려 사블라주한다.
3 다시 불에 올려 카라멜리제한다.
4 식혀서 건조한 곳에 보관한다.

C 프랄리네 버터 크림
1 냄비에 우유, 바닐라 빈의 씨와 깍지, 설탕 1/2을 넣고 가열한다.
2 볼에 노른자, 남은 설탕을 넣고 거품기로 섞는다.
3 ①을 넣고 섞은 다음 체에 걸러 다시 냄비에 옮긴다.
4 85℃까지 실리콘 주걱으로 저어가며 가열해 앙글레즈 크림을 만든다.
5 믹서볼에 옮겨 고속에서 휘핑하며 25~30℃까지 식힌다.
6 포마드 상태의 버터를 2~3회에 걸쳐 나누어 넣으며 휘핑한다.
7 이탈리안 머랭을 넣고 가볍게 섞은 다음 B(프랄리네트)를 넣고 섞는다.
* 이탈리안 머랭은 물 100g, 설탕 350g, 흰자 175g으로 만든 것을 사용한다.

마무리
1 짤주머니에 C(프랄리네 버터 크림)를 넣고 A(쉭세 비스퀴)의 윗면에 짠다.
2 남은 A(쉭세 비스퀴)를 덮어 샌드하고 옆면에 남은 C(프랄리네 버터 크림)를 짠다.
3 B(프랄리네트)를 옆면에 붙이고 데코스노우를 뿌린다.

A 쉭세 비스퀴
B 프랄리네트
C 프랄리네 버터 크림

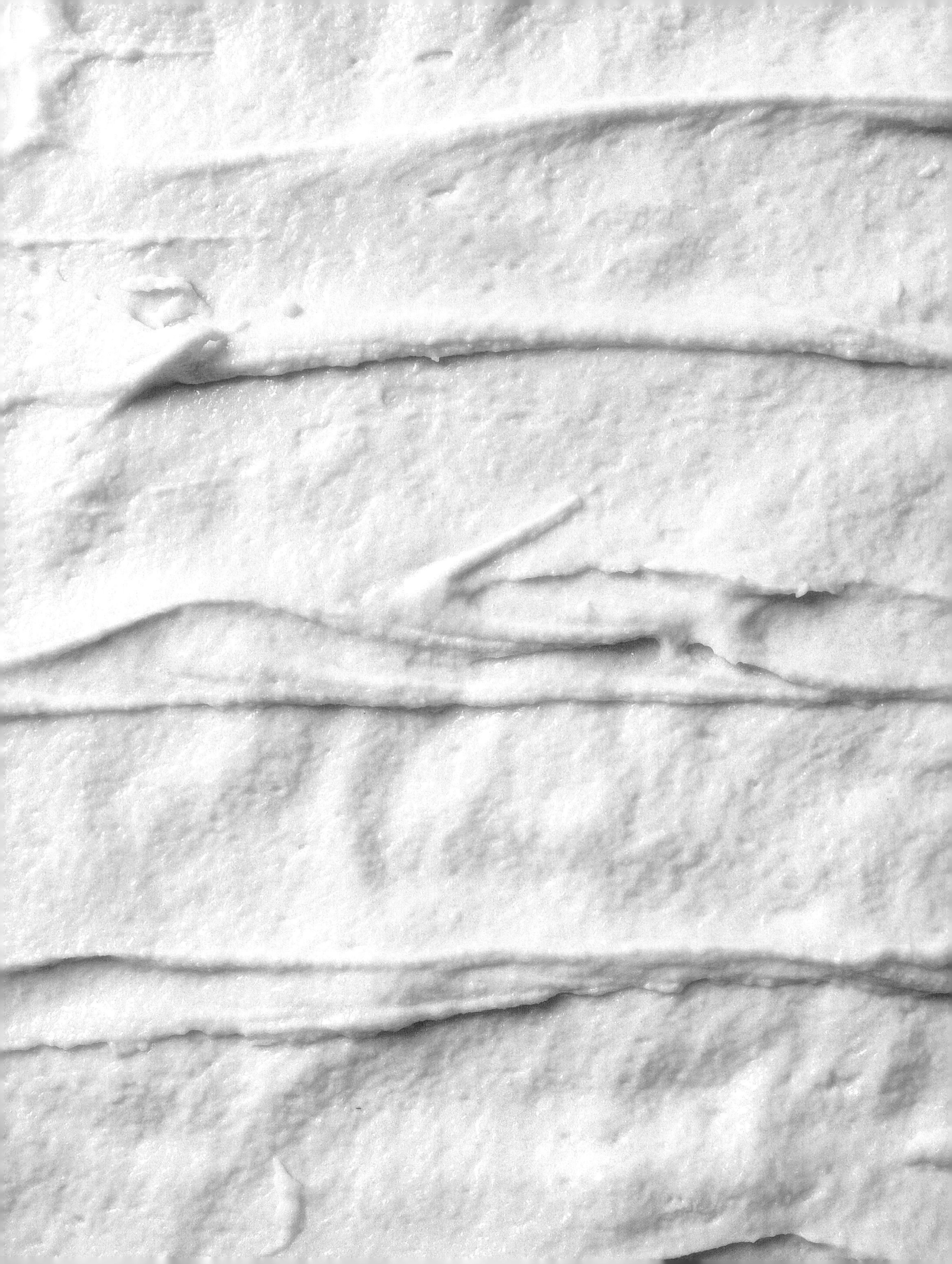

CRÈME D'AMANDE

크렘 다망드

크렘 다망드(Crème d'Amande)는 아몬드파우더, 설탕, 버터, 달걀, 럼을 섞어 만든다. 일반적으로 구움과자, 파이, 타르트 셸 등에 채워 반죽과 함께 굽는데 크림의 볼륨이 적고 저장성이 좋은 특징을 보인다. 럼의 풍미가 가장 돋보이는 크림으로 아몬드 특유의 고소한 향이 배어 있어 견과류 혹은 서양배, 살구, 복숭아 등의 과일과 함께 매치하면 잘 어울린다.

MAKE 크렘 다망드 만들기

준비하기

- 스테인리스 재질의 믹서볼, 체, 실리콘 주걱를 준비한다.
- 버터와 달걀은 상온에 미리 꺼내 온도를 23~25℃로 맞춘다. 버터는 손가락에 힘을 주지 않고 눌렀을 때 움푹 들어가는 정도가 알맞다.
- 아몬드 T.P.T, 옥수수 전분은 함께 체 친다.

포인트

- 버터에 달걀을 조금씩 나누어 넣으면서 유화시킨다.
- 달걀을 넣어 섞는 과정에서 분리가 일어나면 대개 달걀의 온도가 다른 재료에 비해 차가워서이다. 이때 토치로 살짝 믹서볼을 데워 크림의 온도를 23~25℃로 맞추면 분리 현상을 막을 수 있다.
- 지나치게 크림화하면 버터와 달걀이 섞이지 않고 분리되므로 주의한다.
- 럼을 넣으면 잡내를 제거할 수 있을 뿐만 아니라 크림의 저장성도 한층 좋아진다.
- 유화가 잘된 크렘 다망드는 표면이 거슬거슬하면서 되직한 텍스처를 보인다. 크림의 질감이 묽거나 질면 유화가 잘 되지 않은 것이므로 충분히 더 섞는다.
- 크렘 다망드(아몬드 크림)는 냉장고에서 하루 동안 숙성시킨 뒤 사용하는 것이 좋다. 크림을 만든 다음 바로 사용할 수도 있지만 숙성시켜 사용하면 맛과 향이 한층 깊고 풍부해진다.

보관법

- 완성된 크렘 다망드는 표면에 랩을 밀착시키고 감싸 냉장고에서 최대 일주일 동안 보관할 수 있다. 하지만 2~3일 내에 모두 소진하는 것이 바람직하다.
- 냉동고에서 한 달 이상 보관할 수 있다.

1
3 4
2

CRÈME D'AMANDE 크렘 다망드

재료

아몬드 T.P.T 320g	달걀 96g
옥수수 전분 16g	소금 2g
버터 160g	럼 32g

만드는 방법

1 아몬드 T.P.T, 옥수수 전분을 함께 체 친다.
- 아몬드 T.P.T는 아몬드파우더와 슈거파우더를 1:1의 비율로 섞은 것을 의미한다.

2 믹서볼에 포마드 상태의 버터를 넣고 비터로 푼 뒤 ①을 넣고 믹싱한다.

3 함께 섞은 달걀과 소금을 3~4회에 걸쳐 나누어 넣으면서 유화시킨 다음 럼을 넣고 믹싱한다.

4 완성된 크렘 다망드.(최종 온도: 23~25℃)

ABOUT 크렘 다망드

크림화는 어느 정도까지 해야 적당할까요?

모든 종류의 크림은 크림화가 잘 돼야 그 질감과 식감이 제대로 표현됩니다. 그중 크렘 다망드는 굽는 크림으로 크림화가 지나치게 진행되면 굽는 과정에서 팽창이 심하게 일어나 크림이 부풀어 터지고 맛 또한 옅어져요. 반대로 크림화가 적게 됐다면 크림의 질감이 단단해집니다. 따라서 스탠드 믹서에 재료를 넣고 혼합할 때 저속에서 재료들이 매끄럽게 섞일 때까지만 믹싱하세요.

스탠드 믹서를 사용하지 않고 수작업으로 크림을 만들 때 주의할 점이 있나요?

스탠드 믹서를 사용하지 않고 수작업으로 크림을 만들 경우, 버터에 가루 재료를 먼저 넣고 섞으면 텍스처가 매우 단단해 작업이 어려울 수 있어요. 이때는 버터에 달걀을 나누어 넣고 유화시킨 뒤 가루 재료를 넣는 순서로 작업하는 것이 좋습니다.

아몬드파우더, 설탕, 달걀, 버터 외에 럼이나 박력분 등의 재료를 추가하면 어떤 장점이 있나요?

럼은 달걀의 잡내를 효과적으로 제거할 수 있는 아주 좋은 재료예요. 적은 양을 첨가해도 알코올이 가진 살균 및 보존 효과로 인해 크림의 저장성도 한층 높아진답니다. 더불어 소량의 박력분이나 전분을 첨가하면 크림의 구조력이 개선돼 조금 더 안정적인 질감의 크렘 다망드를 완성할 수 있어요.

어떤 럼을 사용하는 것이 좋을까요?

어떤 럼을 사용하느냐에 따라 크림 전반의 풍미는 크게 달라져요. 럼은 숙성하는 방식에 따라 화이트 럼, 골드 럼, 다크 럼으로 구분되는데 화이트에서 다크로 갈수록 그 풍미가 농후하고 깊어집니다. 본인의 기호, 만들고자 하는 제품의 특징에 맞춰 럼의 브랜드, 숙성 정도, 색상을 적절하게 선택하세요.

크렘 다망드를 만들었는데 질감이 매끄럽지 않아요. 왜 그런 걸까요?

버터와 달걀이 잘 섞이지 않아 일어난 현상이에요. 일반적으로 크렘 다망드의 배합은 유지에 많은 양의 수분이 더해지기 때문에 충분히 유화시키는 작업이 무엇보다 중요합니다. 달걀은 한꺼번에 넣지 않고 여러 번에 걸쳐 나누어 넣는 것이 좋아요. 이때 단순히 횟수를 나누기보다는 달걀이 버터와 고루 섞였는지 확인하세요. 또한 달걀의 온도가 너무 차가우면 버터와의 온도 차이로 인해 분리되기 쉬워요. 따라서 작업하기 전 달걀과 버터의 온도를 23~25℃ 사이로 맞춰 주세요. 두 재료 간의 온도 차이로 분리가 일어났다면 믹서볼을 토치로 살짝 데워 크림의 온도를 약 25℃로 높이면 간단하게 문제를 해결할 수 있습니다. 한편, 크림을 지나치게 크림화하면 버터가 분산돼 달걀과 분리 현상을 일으키므로 주의하세요.

아몬드파우더가 아닌 다른 견과류 가루로도 응용할 수 있나요?

아몬드파우더 외에도 다양한 견과류 가루를 이용해 크림을 만들 수 있어요. 단, 견과류마다 유분 함량이 각기 다르기 때문에 주의해야 해요. 가령 아몬드보다 기름진 견과류를 사용한다면 같은 양으로 대체했을 때 크림의 질감이 많이 질게 됩니다. 이런 경우 가루 전량을 기름진 견과류 가루로 사용하지 말고 아몬드파우더를 일부 섞어 크림의 텍스처를 조절할 수 있습니다.

크렘 다망드는 만든 다음 바로 사용해야 하나요?

크렘 다망드는 만들어서 바로 사용하는 것보다 냉장고에서 24시간 숙성시켜 사용하는 것이 좋습니다. 이렇게 하면 크렘 다망드가 품고 있는 아몬드의 고소함과 향긋한 럼의 풍미가 더욱 살아나기 때문이지요. 냉장고에서 차갑게 굳은 크렘 다망드는 스크레이퍼 또는 고무 주걱으로 쓸 만큼 덜어 부드럽게 푼 뒤 사용하면 됩니다. 크림을 오랜 기간 보관하고자 한다면 냉동고에서 보관하고 사용할 때마다 냉장고에서 해동시키면 됩니다.

GALETTE des Rois 갈레트 데 루아

지름 23㎝ 원형 4개 분량

A 푀이타주 앵베르세
강력분A 250g, 버터A(14℃) 650g
찬물 250g, 소금 25g, 식초 4g
버터B 165g, 강력분B 300g
T55(프랑스 밀가루) 250g

B 아몬드 크림
버터 160g, 아몬드 T.P.T 320g
옥수수 전분 16g, 달걀 96g
소금 2g, 럼 32g

C 제누아즈 가루
달걀 90g, 설탕 45g, 꿀 5g
박력분 50g, 버터 12.5g, 우유 12.5g

D 제누아즈 아몬드 크림
B(아몬드 크림) 600g
C(제누아즈 가루) 150g
우유 25g, 럼 5g

A 푀이타주 앵베르세

1 믹서볼에 강력분A, 포마드 상태의 버터A를 넣고 훅으로 믹싱한다.
2 비닐에 올려놓고 감싼 뒤 밀대로 두들기며 30㎝ 크기의 정사각형으로 만든다.
3 냉장고에서 2시간 이상 휴지시킨다.(겉 반죽)
4 다른 믹서볼에 찬물(2~4℃)을 넣고 소금, 식초를 넣어 녹인다.
  * 반죽에 식초를 넣으면 시간이 지나 반죽이 산화되어 회색으로 변하는 것을 막아준다. 또한 밀가루 속의 글루텐을 부드럽게 해 구울 때 반죽이 잘 부풀어 오르게 한다.
5 버터B를 35℃로 녹여 ④에 넣고 가볍게 섞는다.
6 강력분B, T55(프랑스 밀가루)를 넣고 1단에서 3~5분 동안 훅으로 믹싱한다.
7 비닐에 올려놓고 감싼 다음 밀대로 두들기며 30㎝ 크기의 정사각형으로 만들어 냉장고에서 2시간 이상 휴지시킨다.(속 반죽)
8 ③에 ⑦을 붙여 밀어 편 다음 4절 접기 2회 해 냉장고에서 2시간 이상 휴지시킨다.
9 다시 반죽을 밀어 펴 4절 접기 1회, 3절 접기 1회 한 다음 냉장고에서 2시간 이상 휴지시킨다.
10 2.5㎜ 두께로 밀어 펴 냉장고에서 2시간 동안 휴지시킨다.
11 지름 23㎝ 원형으로 8장 잘라 냉동고에서 보관한다.

B 아몬드 크림

1 믹서볼에 포마드 상태의 버터를 넣고 비터로 푼다.
2 함께 체 친 아몬드 T.P.T, 옥수수 전분을 넣고 믹싱한다.
3 함께 섞은 달걀과 소금을 3~4회에 걸쳐 나누어 넣으면서 유화시킨다.
4 럼을 넣고 섞은 다음 냉장고에서 보관한다.

C 제누아즈 가루

1 볼에 달걀, 설탕, 꿀을 넣고 거품기로 저어가며 중탕으로 45℃까지 데우고 휘핑한다.
2 체 친 박력분을 넣고 섞은 다음 녹인 버터, 우유를 넣고 섞는다.
3 지름 17㎝ 원형 케이크 틀에 팬닝해 윗불 180℃, 아랫불 160℃ 데크 오븐에서 25~30분 동안 굽는다.
4 틀에서 빼 식힌 뒤 체에 내려 곱게 가루를 낸다.

D 제누아즈 아몬드 크림

1 볼에 B(아몬드 크림)를 넣고 거품기로 부드럽게 푼다.
2 C(제누아즈 가루), 우유, 럼을 차례대로 넣고 섞는다.

E 달걀물

노른자 100g
생크림 25g

마무리

페브 4개
시럽 적당량

E 달걀물

1 볼에 모든 재료를 넣고 거품기로 섞은 다음 체에 거른다.

마무리

1 A(퓌이타주 앵베르세)의 가장자리 3㎝에 E(달걀물)를 얇게 바른다.
2 지름 1.3㎝ 원형 모양깍지를 낀 짤주머니에 D(제누아즈 아몬드 크림)를 넣고 ①의 달걀물을 칠한 안쪽에 원형으로 230g 짠다.
3 페브를 넣고 윗면에 A(퓌이타주 앵베르세) 1장을 덮은 다음 냉장고에서 20~30분 동안 휴지시킨다.(반죽이 차가우면 생략 가능)
4 옆면에 과도로 시크테한 다음 뒤집는다.
- 시크테 (chiqueter)는 작은 칼끝을 사용해 과자 반죽 또는 페이스트리 반죽의 옆면에 가볍게 칼집을 내 모양을 넣는 것을 의미한다.

5 E(달걀물)를 붓으로 바르고 마를 때까지 냉장고에서 2시간 동안 휴지시킨다.
6 다시 E(달걀물)를 바르고 마를 때까지 냉장고에서 2시간 동안 휴지시킨다.
- 옆면에 달걀물이 묻지 않도록 주의하며 바른다.

7 윗면에 과도로 모양을 낸 다음 상온에서 20분 동안 둔다.
8 철팬 가장자리에 4.5㎝ 높이의 사각 틀을 놓고 ⑦을 올린 다음 이형지나 그릴을 올린다.
9 180℃ 컨벡션 오븐에서 45~50분 동안 굽는다.
10 오븐에서 꺼내 겉면에 시럽을 바른다.
- 시럽은 물 1000g, 설탕 1350g으로 만든 것을 사용한다.
- 완성한 갈레트 데 루아는 미지근한 상태에서 먹는다.

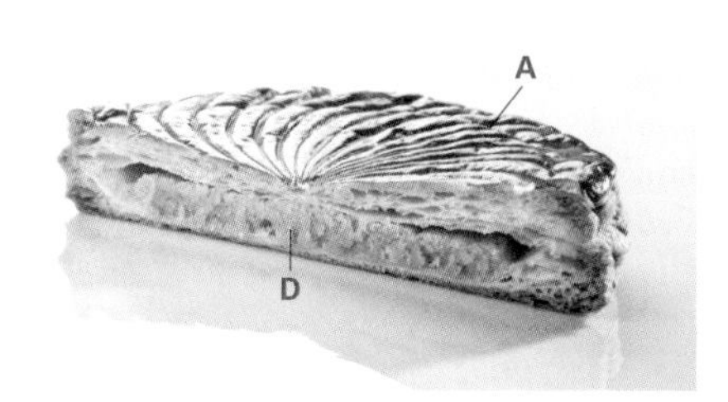

A 퓌이타주 앵베르세
D 제누아즈 아몬드 크림

Pie 밤 파이
AUX MARRONS

12㎝ 밤 모양 틀 20개 분량

A 퓌이타주 앵베르세

강력분A 250g, 버터A(14℃) 650g
찬물 250g, 소금 25g, 식초 4g
버터B 165g, 강력분B 300g
T55(프랑스 밀가루) 250g

B 아몬드 크림

버터 160g, 아몬드 T.P.T 320g
옥수수 전분 16g, 달걀 96g
소금 2g, 럼 32g

C 제누아즈 가루

달걀 90g, 설탕 45g, 꿀 5g
박력분 50g, 버터 12.5g
우유 12.5g

A 퓌이타주 앵베르세

1 믹서볼에 강력분A, 포마드 상태의 버터A를 넣고 훅으로 믹싱한다.
2 비닐에 올려놓고 감싼 뒤 밀대로 두들기며 30㎝ 크기의 정사각형으로 만든다.
3 냉장고에서 2시간 이상 휴지시킨다.(겉 반죽)
4 다른 믹서볼에 찬물(2~4℃)을 넣고 소금, 식초를 넣어 녹인다.
5 버터B를 35℃로 녹여 ④에 넣고 가볍게 섞는다.
6 강력분B, T55(프랑스 밀가루)를 넣고 1단에서 3~5분 동안 훅으로 믹싱한다.
7 비닐에 올려놓고 감싼 다음 밀대로 두들기며 30㎝ 크기의 정사각형으로 만들어 냉장고에서 2시간 이상 휴지시킨다.(속 반죽)
8 ③에 ⑦을 붙여 밀어 편 다음 4절 접기 2회 해 냉장고에서 2시간 이상 휴지시킨다.
9 다시 반죽을 밀어 펴 4절 접기 1회, 3절 접기 1회 한 다음 냉장고에서 2시간 이상 휴지시킨다.
10 3.2㎜ 두께로 밀어 펴 냉장고에서 2시간 동안 휴지시킨다.
11 지름 14㎝ 주름 원형 커터로 자른 뒤 2.5㎜ 두께로 밀어 펴 냉장고에서 1시간 동안 휴지시킨다.

B 아몬드 크림

1 믹서볼에 포마드 상태의 버터를 넣고 비터로 푼다.
2 함께 체 친 아몬드 T.P.T, 옥수수 전분을 넣고 믹싱한다.
3 함께 섞은 달걀과 소금을 3~4회에 걸쳐 나누어 넣으면서 유화시킨다.
4 럼을 넣고 섞은 다음 냉장고에서 보관한다.

C 제누아즈 가루

1 볼에 달걀, 설탕, 꿀을 넣고 거품기로 저어가며 중탕으로 45℃까지 데우고 휘핑한다.
2 체 친 박력분을 넣고 섞은 다음 녹인 버터, 우유를 넣고 섞는다.
3 지름 17㎝ 원형 케이크 틀에 팬닝해 윗불 180℃, 아랫불 160℃ 데크 오븐에서 25~30분 동안 굽는다.
4 틀에서 빼 식힌 뒤 체에 내려 곱게 가루를 낸다.

D 밤 아몬드 크림

B(아몬드 크림) 600g
C(제누아즈 가루) 150g
밤 크림 150g
마롱 글라세 200g

E 달걀물

노른자 100g, 생크림 25g

마무리

설탕 적당량, 시럽 적당량

D 밤 아몬드 크림

1 볼에 B(아몬드 크림)를 넣고 거품기로 부드럽게 푼 다음 C(제누아즈 가루), 밤 크림을 차례대로 넣고 섞는다.
2 지름 5㎝, 높이 1.5㎝ 세르클에 40g씩 넣고 작게 조각낸 마롱 글라세를 10g씩 뿌려 냉동고에서 굳힌다.

E 달걀물

1 볼에 모든 재료를 넣고 거품기로 섞은 뒤 체에 거른다.

마무리

1 A(푀이타주 앵베르세) 1/2의 가장자리에 E(달걀물)를 바르고 가운데에 세르클에서 뺀 D(밤 아몬드 크림)를 올려 반으로 접어 붙인 다음 12㎝ 크기의 밤 모양 틀로 찍어 자른다.
2 뒤집어 E(달걀물)를 바르고 마를 때까지 냉장고에서 30분 동안 휴지시킨다.
3 다시 E(달걀물)를 바르고 마를 때까지 냉장고에서 30분 동안 휴지시킨다.
 • 반죽의 결에 달걀물이 묻지 않도록 주의해 바른다.
4 과도로 무늬를 낸 뒤 밑면에 설탕을 묻히고 철팬에 팬닝한다.
5 180℃ 컨벡션 오븐에서 18~20분 동안 굽는다.
6 오븐에서 꺼내 겉면에 시럽을 바른다.
 • 시럽은 물 1000g, 설탕 1350g으로 만들어 사용한다.

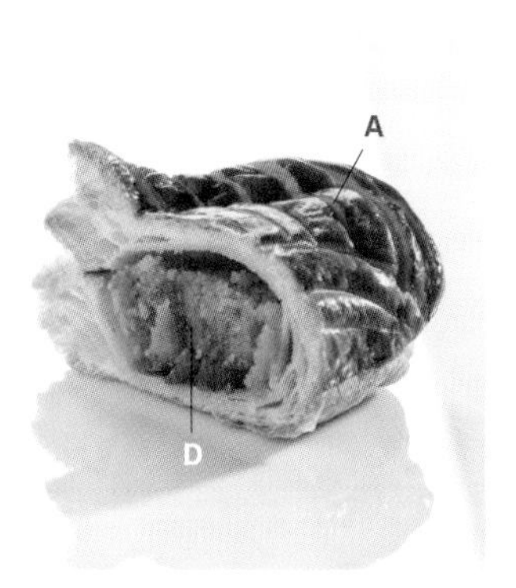

A 푀이타주 앵베르세
D 밤 아몬드 크림

TARTELETTE au Pamplemousse 자몽 타르틀레트

지름 7㎝ 타공 세르클 12개 분량

A 아몬드 사블레
버터 240g, 소금 4g
미분당 150g, 아몬드파우더 48g
바닐라파우더 4g, 박력분 400g
달걀 80g

B 아몬드 크림
버터 160g, 아몬드 T.P.T 320g
옥수수 전분 16g, 달걀 96g
소금 2g, 럼 32g

C 자몽 오렌지 콩피
물 500g, 소금 5g
자몽 껍질 80g
오렌지 껍질 40g
자몽 주스 200g
오렌지 주스 100g, 설탕 180g

D 자몽 크림
자몽 주스 250g, 달걀 300g
설탕 150g, 펙틴 NH 8g
C(자몽 오렌지 콩피) 50g
버터 160g, 오렌지 리큐르 4g
자몽 과육 적당량

A 아몬드 사블레

1 볼에 포마드 상태의 버터, 소금을 넣고 섞는다.
2 함께 체 친 미분당, 아몬드파우더, 바닐라파우더를 넣고 섞는다.
3 체 친 박력분의 일부를 넣고 섞는다.
4 달걀을 조금씩 나누어 넣으면서 섞는다.
5 남은 박력분을 넣고 한 덩어리가 될 때까지 섞는다.
6 냉장고에서 1시간 동안 휴지시킨다.
7 2㎜ 두께로 밀어 편다.

B 아몬드 크림

1 믹서볼에 포마드 상태의 버터를 넣고 비터로 푼다.
2 함께 체 친 아몬드 T.P.T, 옥수수 전분을 넣고 믹싱한다.
3 함께 섞은 달걀과 소금을 3~4회에 걸쳐 나누어 넣고 믹싱한다.
4 럼을 넣고 섞은 다음 냉장고에서 보관한다.

C 자몽 오렌지 콩피

1 냄비에 물, 소금을 넣고 끓인 다음 자몽 껍질, 오렌지 껍질을 넣고 데친다.
2 체에 걸러 찬물에 헹구고 ①의 과정을 2회 반복한다.
• 처음에만 소금을 넣고 데치고 이후에는 끓는 물에 데친다.
3 다른 냄비에 체에 걸러 찬물에 헹군 ②, 자몽 주스, 오렌지 주스, 설탕을 넣고 약불에서 45분 동안 끓인다.
4 불에서 내려 핸드블렌더로 간다.

D 자몽 크림

1 냄비에 자몽 주스를 넣고 가열한다.
2 함께 섞은 달걀, 설탕, 펙틴 NH를 넣고 섞은 다음 85℃까지 실리콘 주걱으로 저어가며 가열한다.
3 C(자몽 오렌지 콩피)를 넣어 섞고 불에서 내려 40℃까지 식힌다.
4 버터, 오렌지 리큐르를 넣고 핸드블렌더로 고루 섞는다.
5 지름 6.5㎝ 원반형 실리콘 몰드에 넣은 다음 작게 자른 자몽 과육을 고루 넣고 냉동고에서 굳힌다.
• 자몽 과육은 1개만 표면에 살짝 보이도록 넣고 나머지는 크림 속에 잠기도록 넣는다.

마무리

달걀물 적당량,
나파주 뉴트르(스프레이용) 적당량
↳ p.237 참고
오렌지 잎 적당량, 식용 금박 적당량

마무리

1 지름 7㎝ 타공 세르클에 세르클 크기에 맞게 자른 A(아몬드 사블레)를 넣고 퐁사주한다.
2 150℃ 컨벡션 오븐에서 15분 동안 굽고 세르클에서 빼 옆면에 달걀물을 바른다.
- 달걀물은 노른자 100g, 생크림 25g을 섞어 체에 거른 다음 사용한다.

3 셸 안에 B(아몬드 크림)를 1/3 정도 넣은 다음 150℃ 컨벡션 오븐에서 다시 15분 동안 굽고 식힌다.
4 세르클에서 빼 C(자몽 오렌지 콩피)를 채우고 남은 D(자몽 크림)를 넣어 윗면을 평평하게 정리한다.
5 몰드에서 뺀 D(자몽 크림)를 올린다.
6 겉면에 80℃로 데운 나파주 뉴트르를 분사한다.
7 오렌지 잎, 식용 금박으로 장식한다.

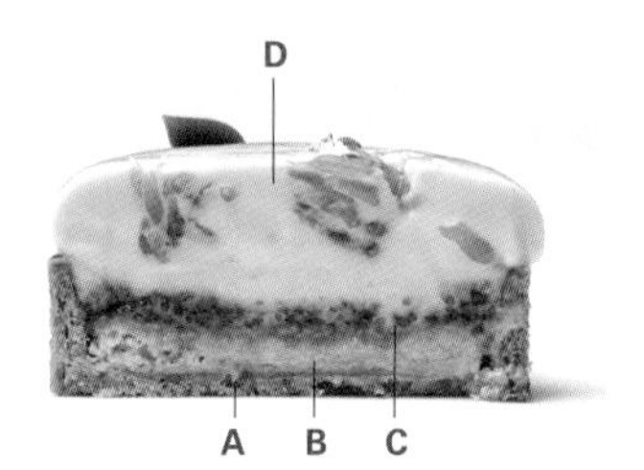

A 아몬드 사블레
B 아몬드 크림
C 자몽 오렌지 콩피
D 자몽 크림

CRÈME GANACHE

크렘 가나슈

초콜릿과 생크림을 섞어 만드는 부드럽고 촉촉한 크렘 가나슈(Crème Ganache). 초콜릿에 함유된 카카오버터를 생크림에 유화시키는 원리로 완성된다. 텍스처에 따라 무스케이크의 베이스, 타르트의 가르니튀르, 봉봉 초콜릿의 필링 등 제과 전반에 일반 크림류와 동일하게 쓰여 활용도가 높다. 부드럽게 녹아드는 식감이 매력적이며 최근 프랑스에서는 생크림의 비율을 높여 휘핑해 쓰는 '가나슈 몽테(Ganeche Montée)' 형태로도 많이 사용되고 있다.

MAKE 크렘 가나슈 만들기

준비하기

- 스테인리스 재질의 볼, 냄비, 바트, 거품기, 실리콘 주걱, 핸드블렌더를 준비한다.
- 블록 형태의 초콜릿을 사용할 경우 잘게 다진다.

포인트

- 생크림이나 우유에 함유된 락토알부민은 가열 시 쉽게 응고해 피막이 생긴다. 이때 우유의 비린 맛이 유발되므로 살짝 끓을 때까지만 가열한다.
- 카카오버터 함량이 31% 이상인 초콜릿과 유지방 함량 35%의 생크림을 사용하는 것이 좋다. 초콜릿은 블록형보다는 사이즈가 작은 코인형이 녹이기 쉽다.
- 생크림은 다진 초콜릿이 다 잠기도록 부은 뒤 초콜릿 중심부까지 열이 전달되도록 1~2분 동안 두었다가 섞는다. 중심이 녹지 않으면 덩어리지거나 기포가 들어가기 쉽다.
- 가나슈를 섞을 때는 가운데 부분에 거품기를 넣고 작은 원을 그리듯 천천히 섞어 유화 부분을 만들고 주위의 초콜릿을 조금씩 집어넣듯이 섞는다.
- 기포가 들어가지 않도록 천천히 조심스럽게 섞는다. 핸드블렌더를 사용하면 유지가 더 잘게 유화돼 식감이 매끄럽고 풍부해진다.
- 생크림 대신 우유나 퓌레 등 유지방이 부족한 재료를 사용할 경우 버터 등을 첨가해 유지를 보충한다.
- 굳기 조절과 식감 개선을 원할 경우 버터를 전체 중량의 8~10% 정도 추가한다.

보관법

- 가나슈는 습도 55~65%, 온도 15~17℃에서 서서히 굳히는 것이 좋다.
- 사용하고 남은 가나슈는 표면에 랩을 밀착시켜 냉장고에서 48시간 동안 보관할 수 있다. 냉동고에서 보관할 경우는 필요한만큼 덜어 해동시켜 사용한다.
- 냉장고에서 보관한 가나슈는 재사용 전 열을 살짝 가해 핸드블렌더로 푼 다음 사용한다.

1 2
3 4

CRÈME GANACHE 크렘 가나슈

재료

생크림 300g
다크초콜릿 300g

만드는 방법

1 냄비에 생크림을 넣고 끓인다.
2 다진 다크초콜릿이 잠기도록 ①을 붓고 1~2분 동안 둔다.
3 기포가 들어가지 않도록 유화시킨다.
4 납작한 바트에 부어 표면에 랩을 밀착시키고 감싸 상온에서 굳힌다.

COUVERTURE CHOCOLATE 커버처초콜릿

31% 이상의 카카오버터가 함유된 초콜릿을 커버처초콜릿이라 한다. 카카오버터의 함유량이 30% 이상이면 초콜릿을 녹였을 때 흐름성이 좋으며 빠르게 굳는 특징이 있다. 커버처초콜릿을 만들 때에는 카카오버터, 코코아파우더, 설탕, 전지 분유 외에 제조 업체에 따라 레시틴, 바닐라 추출물 등의 합성 첨가물을 더하기도 한다. 일반적으로 커버처초콜릿에 표기된 카카오 함유량(%)은 카카오매스 혹은 카카오버터와 코코아파우더의 총 함량에 따라 정해진다.

카카오매스

로스팅한 카카오 빈을 갈아서 굳힌 것. 설탕이나 유성분이 일체 포함되지 않아 단맛이 없다.

카카오버터

카카오 빈에 포함된 유지. 카카오매스를 압착해 추출한다. 카카오버터는 굳거나 녹아 흐르는 것만 가능하며, 일반 버터처럼 부드러운 상태로 유지되지는 않는다.

다크초콜릿

카카오매스, 설탕을 섞어 만든 것. 블랙초콜릿 또는 비터초콜릿이라 부르기도 한다. 우리나라의 경우 코코아고형분(카카오매스 또는 카카오버터와 코코아파우더) 함량 30% 이상인 것을 다크초콜릿으로 분류한다.

밀크초콜릿

카카오매스, 설탕, 전지 분유를 섞어 만든 초콜릿. 코코아고형분 20% 이상, 유고형분 12% 이상인 것을 뜻한다.

화이트초콜릿

카카오버터, 설탕, 전지 분유로 만든다. 카카오버터를 20% 이상 함유하고 유고형분이 14% 이상인 것을 화이트초콜릿으로 본다.

ABOUT 크렘 가나슈

어떤 초콜릿을 사용해야 하나요?

일반적으로 다크초콜릿을 사용해 가나슈를 만듭니다. 이유는 다크초콜릿은 초콜릿의 풍미가 강해 생크림과 섞었을 때 맛의 밸런스가 좋기 때문이에요. 하지만 만들고자 하는 제품에 따라 밀크초콜릿, 화이트초콜릿 등 다양한 초콜릿을 활용할 수 있어요. 단, 카카오버터가 31% 이상 함유된 커버처초콜릿을 사용하는 것이 좋아요. 다른 첨가물이 들어간 준초콜릿으로 가나슈를 만들면 품질 면에서 떨어질 뿐만 아니라 카카오버터의 함량이 낮아 가나슈를 만든 뒤 잘 굳지 않는 문제가 생길 수 있습니다.

생크림 대신 다른 액체를 사용해도 되나요?

고지방 생크림, 우유 혹은 과일 퓌레로 가나슈를 만들기도 합니다. 단, 좋은 가나슈는 30~35%의 지방을 포함하고 있어야 하므로 우유나 퓌레 등 유지방이 부족한 재료를 쓸 경우 버터 등을 첨가해 유지의 양을 보충해야 합니다. 한편, 일반 생크림에 비해 수분이 적은 고지방 생크림을 사용한다면 카카오버터와 같은 지방분이 분산될 공간이 부족해 쉽게 분리되므로 유화 작업에 주의를 기울여야 해요.

같은 배합인데 초콜릿 종류에 따라 텍스처가 달라졌어요. 같은 질감을 얻고 싶은데 어떻게 하면 될까요?

초콜릿의 종류에 따라 초콜릿의 양을 조절해야 해요. 조금 더 정확히 말하자면 초콜릿에 함유된 카카오버터의 양에 따라 초콜릿의 양을 조절하는 것이지요. 초콜릿 속 카카오버터는 가나슈를 굳게 하는 역할을 하는데 예를 들어 카카오버터의 함량이 낮은 화이트초콜릿을 사용하면 가나슈가 묽어져 알맞은 텍스처가 만들어지지 않아요. 이 경우는 초콜릿을 더 추가해 카카오버터의 양을 늘려야겠지요. 이밖에도 버터를 따로 추가하는 방법 등을 통해 전체적인 유지의 양을 늘려야 안정적인 상태의 가나슈를 완성할 수 있습니다.

가나슈에 분리 현상이 일어났어요. 어떻게 해결해야 하나요?

생크림과 초콜릿을 섞는 온도가 60℃ 이상일 경우, 생크림을 너무 급하게 섞을 경우, 배합에서 수분 재료의 양이 너무 많을 경우, 사용한 가나슈를 굳혔다가 온도를 급격하게 올려 사용할 경우 등 다양한 이유로 초콜릿과 수분이 분리되는 현상이 발생합니다. 이때에는 가나슈의 전체적인 온도를 45~50℃로 맞춰 핸드블렌더로 가볍게 섞으면 해결할 수 있습니다. 하지만 핸드블렌더로 섞는 과정에서 기포가 과도하게 생기지 않도록 주의해야 해요. 이외에도 생크림, 리큐르 등의 수분 재료를 더 첨가하고 유화시켜 복구하는 방법도 있어요.

잘 유화된 가나슈.
윤기가 나고 매끄럽다

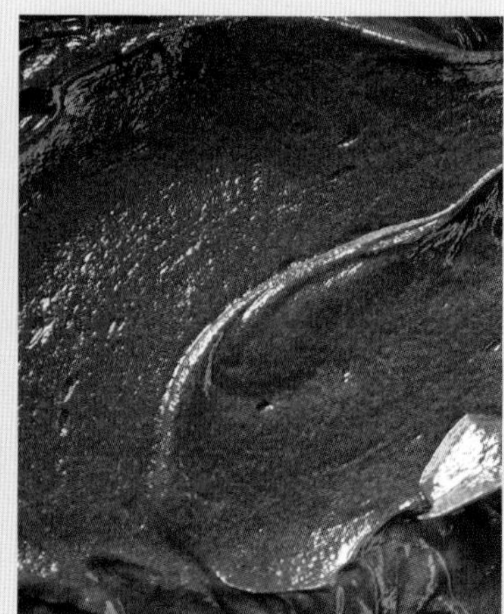

유화가 잘못된 가나슈.
표면에 기름이 뜨고 거칠거칠하다

질 좋은 가나슈를 만들기 위한 포인트를 짚어주세요.

가나슈는 초콜릿에 설탕이나 분유와 같은 고운 고체 입자가 섞인 액체이며, 생크림과 초콜릿이 만나 만들어지는 유화액입니다. 우수한 품질의 가나슈를 만들기 위해서는 가나슈 안의 모든 원료가 조화롭게 섞여 균형을 이루는 것이 중요해요. 여기서 수분과 지방이 분리되지 않고 매끄럽게 유화되는 것이 관건인데 핸드블렌더를 사용해 충분히 섞으면 유화 작업이 한결 쉬워집니다.

가나슈는 몇 ℃에서 굳히나요?

가나슈는 습도 55~65%, 온도 15~17℃에서 서서히 굳혀 사용하는 것이 좋아요. 습도가 55% 이하이면 가나슈 표면이 마르고 65% 이상이면 습기가 생길 수 있습니다. 하지만 더 중요한 것은 어떤 제품을 만드느냐에 따라 굳히는 환경을 조금씩 달리해야 한다는 것이지요. 예를 들어 봉봉 초콜릿의 필링용 가나슈는 습도 65% 이하, 온도 16~18℃에서 12~48시간 동안 굳혀야 합니다. 적절한 환경에서 굳힌 가나슈는 2~3일까지 보관할 수 있고 냉장고에서 보관하면 최대 일주일 동안 저장이 가능해요. 그러나 냉장고에서 좋지 않은 냄새가 흡수될 수 있으므로 가급적 빠른 시간 내에 사용할 것을 추천합니다.

다양한 맛과 향의 가나슈를 만들고 싶어요.

가나슈의 주재료는 카카오버터가 31% 이상 함유된 커버처초콜릿과 생크림입니다. 가장 많이 사용되는 다크초콜릿 가나슈는 초콜릿과 생크림의 비율을 1:1로 해 만들 수 있는데 이때 생크림에 다양한 향, 맛을 가진 재료를 첨가해 다채로운 가나슈를 완성할 수 있어요. 생크림에 제스트 형태로 만든 과일 껍질, 허브, 찻잎 등을 넣어 그 향을 우리거나 퓌레 또는 캐러멜 등을 추가해 초콜릿과 함께 유화시키면 됩니다.

가나슈 몽테(휘핑 가나슈)에 대해 알고 싶어요.

몽테(Montée)는 프랑스어로 올림을 뜻하며 제과에서는 생크림을 휘핑하거나 반죽을 가볍게 만들 때 사용하는 단어입니다. 가나슈 몽테는 기본 가나슈 배합에서 생크림의 비율을 늘리고 휘핑해 사용하는 크림으로 생크림의 기포성을 이용해 만드는 가나슈예요. 일반적인 가나슈보다 가벼운 식감을 지니며 초콜릿과 생크림의 비율에 따라 텍스처가 조금씩 달라지지요. 주의할 점은 가나슈 속에 있는 카카오버터와 생크림을 잘 유화시킨 다음 냉장고에서 숙성시키고 휘핑해야 한다는 것이에요. 유화가 적절하게 안 된 상태에서 급격히 냉각시켜 휘핑하면 카카오버터가 굳어 크림이 분리됩니다. 이러한 이유로 가나슈 몽테는 만들어 최소 6~24시간 냉장고에서 숙성시킨 다음 사용해야 합니다. 되기에 따라서 젤라틴을 첨가할 수 있습니다.

화이트초콜릿 가나슈 몽테

Cake au Chocolat 크로캉 초콜릿 케이크 CROQUANT

6×14㎝ 미니 파운드케이크 틀 6개 분량

A 쿠앵트로 시럽
30°보메 시럽 100g, 물 100g
쿠앵트로 20g

B 초콜릿 케이크
버터 100g, 바닐라 빈 1개
달걀 270g, 미분당 350g, 소금 3g
박력분 200g, 베이킹파우더 8g
코코아파우더 50g, 생크림 50g
호두 분태 50g

C 가나슈
생크림 250g, 트리몰린 22g
헤이즐넛 프랄리네 25g
다크초콜릿(66%) 172g, 버터 43g

D 다크초콜릿 글라사주
다크초콜릿(66%) 500g
카카오버터 50g, 포도씨유 50g
헤이즐넛 분태(구운 것) 100g

마무리
초콜릿 장식물 6개
코코아파우더 적당량

A 쿠앵트로 시럽

1 볼에 모든 재료를 넣고 섞어 냉장고에서 보관한다.
- 30°보메 시럽은 물 1000g, 설탕 1350g으로 만들어 사용한다.

B 초콜릿 케이크

1 버터와 바닐라 빈의 씨와 깍지를 함께 중탕으로 녹인다.
2 믹서볼에 달걀, 미분당, 소금을 넣고 거품기로 저어가며 중탕으로 45℃까지 데운 다음 고속에서 휘핑한다.
3 볼에 옮겨 함께 체 친 박력분, 베이킹파우더, 코코아파우더를 넣고 고무 주걱으로 고루 섞는다.
4 ③의 일부를 덜어 생크림, 바닐라 빈의 깍지를 건진 ①과 함께 섞은 뒤 ③에 넣고 섞는다.
5 호두 분태를 넣고 가볍게 섞은 다음 6×14㎝ 크기의 미니 파운드케이크 틀에 150g씩 팬닝한다.
6 160℃ 컨벡션 오븐에서 25분 동안 굽는다.
7 틀에서 빼 겉면에 A(쿠앵트로 시럽)를 바른다.

C 가나슈

1 냄비에 생크림, 트리몰린을 넣고 가열한다.
2 볼에 헤이즐넛 프랄리네, 다크초콜릿을 넣고 중탕으로 녹인 뒤 ①을 붓고 유화시킨다.
3 40℃가 되면 포마드 상태의 버터를 넣고 섞는다.
4 온도 18℃, 습도 65% 이하에서 짤 수 있는 되기가 될 때까지 굳힌다.

D 다크초콜릿 글라사주

1 볼에 다크초콜릿을 넣고 중탕으로 녹인 다음 나머지 재료를 넣고 섞는다.

마무리

1 B(초콜릿 케이크) 윗면에 짤주머니에 넣은 C(가나슈)를 짜고 냉동고에서 굳힌다.
2 35~40℃의 D(다크초콜릿 글라사주)에 담궈 겉면을 코팅한다.
3 윗면에 초콜릿 장식물을 올리고 코코아파우더를 뿌려 장식한다.

A 쿠앵트로 시럽
B 초콜릿 케이크
C 가나슈
D 다크초콜릿 글라사주

Le 르 통카 TONKA

지름 17cm 원형 무스케이크 틀 3개 분량

A 견과류 초콜릿 스트로이젤

버터 150g, 황설탕 150g
소금 2g, 박력분 160g
아몬드파우더 60g
코코아파우더 40g
아몬드 분태(구운 것) 30g
헤이즐넛 분태(구운 것) 30g

B 브라우니

달걀 240g, 설탕 420g
트리몰린 40g
다크초콜릿(50%) 190g
카카오페이스트 190g
버터 270g, 바닐라 빈 1개
박력분 165g, 호두 가루 150g
사워크림 150g

C 통카 가나슈

생크림 480g, 통카 빈 1개
물엿 80g, 천일염 1g
다크초콜릿(70%) 320g
버터 100g

D 밀크초콜릿 휘핑 가나슈

생크림 400g, 물엿 10g
트리몰린 10g, 바닐라 빈 1/2개
밀크초콜릿(35%) 200g
판젤라틴 2.5g

A 견과류 초콜릿 스트로이젤

1 믹서볼에 버터, 황설탕, 소금을 넣고 크림 상태가 될 때까지 휘핑한다.
2 함께 체 친 박력분, 아몬드파우더, 코코아파우더를 넣고 섞은 뒤 아몬드 분태, 헤이즐넛 분태를 넣고 보슬보슬한 상태가 될 때까지 섞는다.
◦ 아몬드 분태, 헤이즐넛 분태는 160℃ 컨벡션 오븐에서 8~10분 동안 구운 것을 사용한다.
3 한 덩어리로 뭉치고 4㎜ 두께로 밀어 펴 지름 18㎝ 원형으로 자른다.
4 철팬에 팬닝해 160℃ 컨벡션 오븐에서 12분 동안 굽는다.

B 브라우니

1 믹서볼에 달걀, 설탕, 트리몰린을 넣고 거품기로 저어가며 중탕으로 45℃까지 데우고 휘핑한다.
2 다크초콜릿, 카카오페이스트, 버터, 바닐라 빈의 씨를 중탕으로 녹여 ①에 넣고 섞는다.
3 함께 체 친 박력분, 호두 가루를 넣고 섞는다.
4 사워크림을 넣고 섞은 다음 지름 17㎝ 원형 무스케이크 틀에 1/2 높이까지 팬닝한다.
5 170℃ 컨벡션 오븐에서 15~20분 동안 굽는다.

C 통카 가나슈

1 냄비에 생크림, 제스터로 간 통카 빈을 넣고 섞는다.
2 물엿, 천일염을 넣고 끓인 다음 불에서 내리고 랩으로 감싸 10분 동안 향을 우린다.
3 90℃가 되면 다크초콜릿에 부어 유화시킨다.
4 35℃가 되면 포마드 상태의 버터를 넣고 핸드블렌더로 섞는다.
5 B(브라우니)에 채워 냉동고에서 굳힌다.

D 밀크초콜릿 휘핑 가나슈

1 냄비에 생크림 1/2, 물엿, 트리몰린을 넣고 끓인 다음 불에서 내려 바닐라 빈의 씨와 깍지를 넣고 5분 동안 향을 우린다.
2 다시 불에 올려 데운 다음 체에 걸러 밀크초콜릿에 붓고 유화시킨다.
3 찬물에 불려 물기를 제거한 판젤라틴, 남은 차가운 상태의 생크림을 넣고 핸드블렌더로 섞는다.
4 표면에 랩을 밀착시키고 감싸 냉장고에 12시간 동안 휴지시킨 다음 휘핑한다.
5 지름 17㎝ 세르클 안쪽에 무스 띠지를 두른 뒤 짤주머니에 넣은 ④를 불규칙한 크기의 원형으로 이어 짜 냉동고에서 굳힌다.

E 글라사주

밀크초콜릿(35%) 250g
다크초콜릿 200g
헤이즐넛 분태 190g, 식용유 50g

마무리

초콜릿 장식물 3개
식용 금박 적당량

E 글라사주

1 볼에 밀크초콜릿, 다크초콜릿을 넣고 중탕으로 녹인다.
2 헤이즐넛 분태, 식용유를 넣고 섞는다.
• 헤이즐넛 분태는 160℃ 컨벡션 오븐에서 10~12분 동안 굽고 잘게 다진 것을 사용한다.

마무리

1 틀에서 뺀 C(통카 가나슈)의 겉면에 30℃의 E(글라사주)를 입혀 A(견과류 초콜릿 스트로이젤) 위에 올린다.
2 윗면에 세르클과 띠지를 제거한 D(밀크초콜릿 휘핑 가나슈)를 뒤집어 올린다.
3 남은 D(밀크초콜릿 휘핑 가나슈)를 이용해 초콜릿 장식물을 붙이고 식용 금박으로 장식한다.

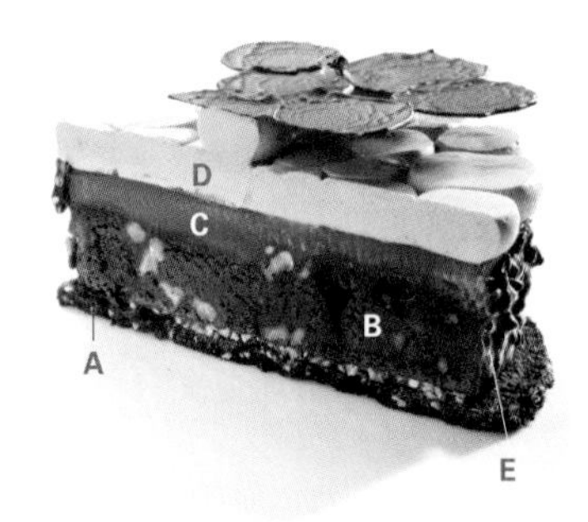

A 견과류 초콜릿 스트로이젤
B 브라우니
C 통카 가나슈
D 밀크초콜릿 휘핑 가나슈
E 글라사주

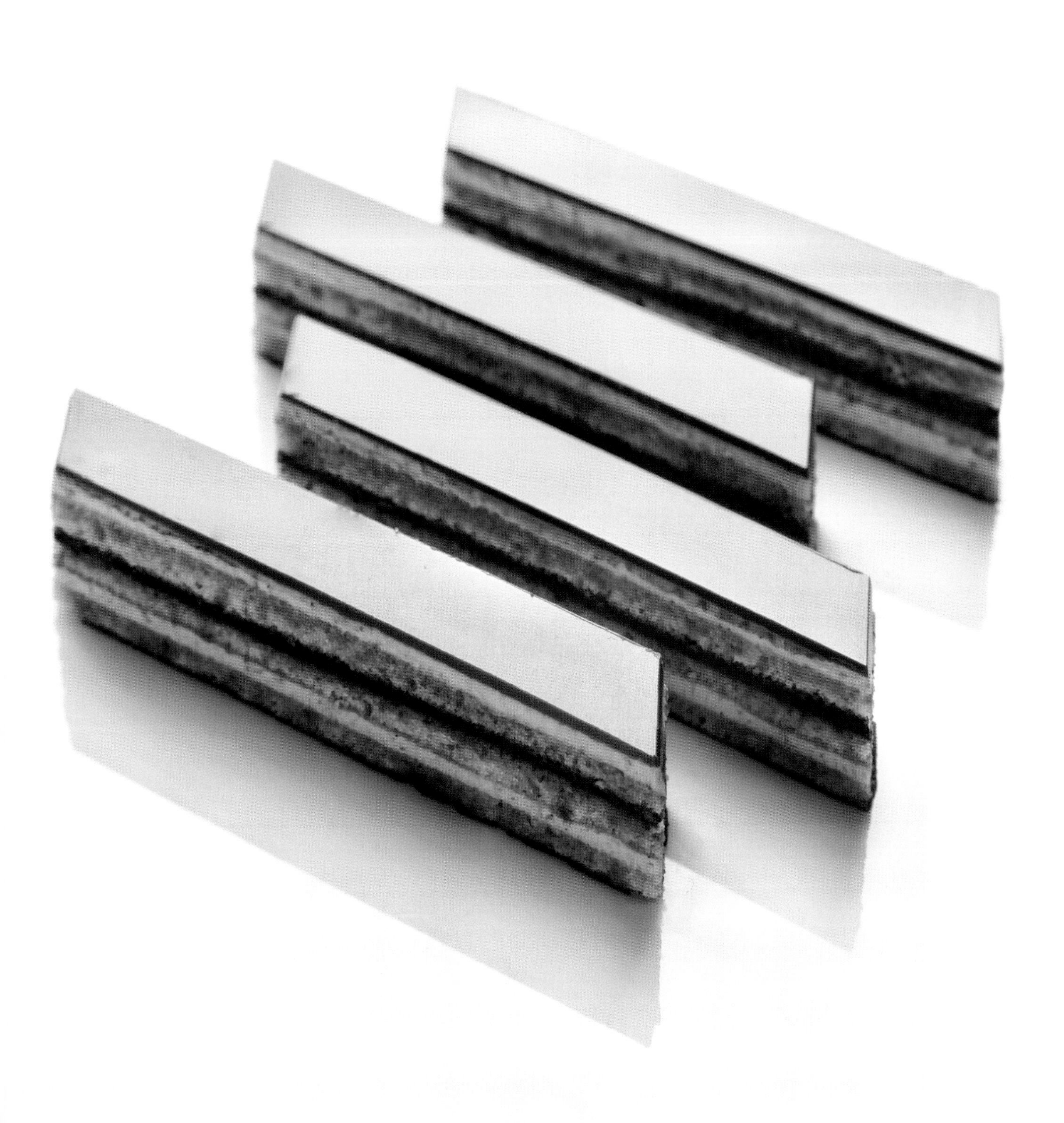

OPÉRA
aux Marrons 밤 오페라

27×37×2.5㎝ 직사각형 틀 1개 분량

A 조콩드 비스퀴
아몬드 T.P.T 600g, 박력분 80g
달걀 400g, 흰자 267g
설탕 40g, 버터 60g

B 오페라 가나슈
우유 100g, 생크림 43g
다크초콜릿A(50%) 70g
다크초콜릿B(66%) 70g, 버터 40g

C 밤 버터 크림
우유 90g, 바닐라 빈 1개
밤 크림A 70g, 노른자 108g
설탕 58g, 버터 387g
이탈리안 머랭 100g, 밤 크림B 187g

D 밤 시럽
물 410g, 설탕 145g
밤 크림 200g
밤 리큐르 20g

A 조콩드 비스퀴

1 믹서볼에 함께 체 친 아몬드 T.P.T, 박력분, 달걀을 넣고 고속에서 휘핑한다.
2 다른 믹서볼에 흰자를 넣고 휘핑하다가 설탕을 조금씩 나누어 넣으면서 휘핑해 머랭을 만든다.
3 ①에 녹인 버터를 넣고 섞은 뒤 ②를 넣고 고무 주걱으로 조심스럽게 섞는다.
4 40×60㎝ 크기의 철판에 550~600g씩 팬닝해 220℃ 컨벡션 오븐에서 7분 동안 굽는다.
5 27×37㎝ 크기의 직사각형으로 자른다.

B 오페라 가나슈

1 냄비에 우유, 생크림을 넣고 끓인다.
2 함께 다진 다크초콜릿A, 다크초콜릿B에 ①을 부어 유화시키고 40℃까지 식힌다.
3 포마드 상태의 버터를 넣고 섞는다.

C 밤 버터 크림

1 냄비에 우유, 바닐라 빈의 씨, 밤 크림A를 넣고 섞은 다음 끓인다.
2 노른자에 설탕을 넣고 가볍게 휘핑한다.
3 ①과 ②를 섞은 뒤 체에 거르고 다시 냄비에 옮긴다.
4 83℃까지 실리콘 주걱으로 저어가며 가열한 다음 믹서볼에 옮겨 식을 때까지 고속에서 휘핑한다.
5 포마드 상태의 버터를 조금씩 나누어 넣으며 휘핑한다.
6 이탈리안 머랭을 넣고 고무 주걱으로 가볍게 섞은 다음 밤 크림B를 넣고 섞는다.
- 이탈리안 머랭은 물 35g, 설탕A 130g, 흰자 80g, 설탕B 30g으로 만들어 사용한다.

D 밤 시럽

1 냄비에 물, 설탕을 넣고 끓여 시럽을 만든다.
2 나머지 재료를 넣고 고루 섞는다.

E 오페라 글라사주

다크초콜릿(55%) 55g
파트 아 글라세 다크 200g
식용유 45g

/

마무리

다크초콜릿 적당량

E 오페라 글라사주

1 다크초콜릿, 파트 아 글라세 다크를 중탕으로 녹인 다음 식용유를 넣고 섞는다.
2 체에 거른다.

마무리

1 A(조콩드 비스퀴) 1장에 녹인 다크초콜릿을 바른 뒤 굳힌다.
2 27×37×2.5㎝ 크기의 직사각형 무스케이크 틀에 ①을 다크초콜릿을 바른 면이 아래를 향하도록 하여 넣는다.
3 D(밤 시럽) 250g을 붓으로 바른다.
4 C(밤 버터 크림) 275g을 올리고 스패튤러로 윗면을 평평하게 정리한다.
5 A(조콩드 비스퀴) 1장을 올리고 D(밤 시럽) 250g을 붓으로 바른다.
6 B(오페라 가나슈)를 넣고 스패튤러로 윗면을 평평하게 정리한다.
7 A(조콩드 비스퀴) 1장을 올리고 D(밤 시럽) 250g을 붓으로 바른다.
8 남은 C(밤 버터 크림)를 올리고 스패튤러로 윗면을 평평하게 정리해 냉장고에서 굳힌다.
9 틀에서 뺀 ⑧의 온도가 10~15℃가 될 때까지 상온에서 둔다.
10 윗면에 35~40℃의 E(오페라 글라사주)를 붓고 스패튤러로 평평하게 정리한다.
11 2.5×10㎝ 크기의 평행사변형으로 자른다.

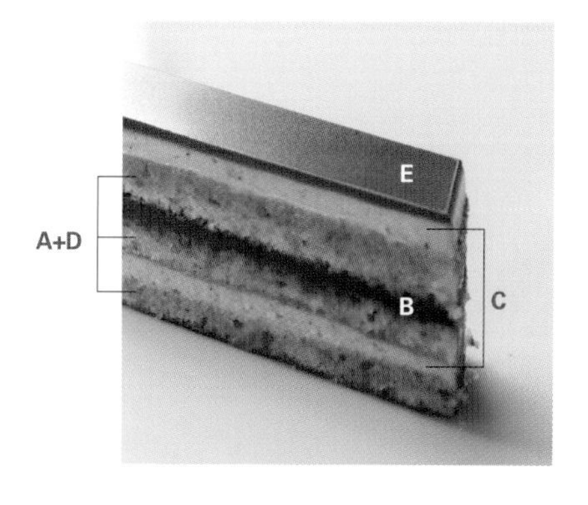

A 비스퀴 조콩드
B 오페라 가나슈
C 밤 버터 크림
D 밤 시럽
E 오페라 글라사주

ADVANCED CREAM

Crème Diplomate
크렘 디플로마트

Crème Mousseline
크렘 무슬린

Crème Frangipane
크렘 프랑지판

Crème Crémeux
크렘 크레뫼

Crème Mousse
크렘 무스

Crème Chiboust
크렘 시부스트

Crème au Citron
크렘 오 시트롱

CRÈME DIPLOMATE

크렘 디플로마트

크렘 파티시에르와 휘핑한 생크림을 2:1의 비율로 섞고 소량의 젤라틴을 넣어 만드는 크렘 디플로마트(Crème Diplomate). 보형성이 좋으며 고소한 크렘 파티시에르와 부드러운 크렘 푸에테의 장점을 모두 갖춰 앙트르메, 밀푀유, 생토노레, 슈 등의 샌드 혹은 필링 크림으로 두루 사용된다.

MAKE 크렘 디플로마트 만들기

준비하기

- 스테인리스 재질의 냄비, 볼, 믹서볼, 체, 거품기, 실리콘 주걱, 고무 주걱을 준비한다.
- 바닐라 빈은 반으로 갈라 씨와 깍지를 분리한다.
- 옥수수 전분은 체 친다.
- 판젤라틴은 찬물에 넣어 처음 무게의 6배가 될 때까지 불린다.

포인트

- 우유를 끓이는 과정에서 바닐라 빈의 씨와 깍지를 모두 넣으면 향이 풍부해질 뿐만 아니라 적은 양으로도 큰 효과를 낼 수 있어 경제적이다.
- 크렘 파티시에르를 만들 때 약불에서 서서히 온도를 올려가며 가열한다.
- 크렘 파티시에르에 버터를 소량 첨가하면 저장성이 한층 좋아진다. 이때 크렘 파티시에르에 넣는 버터의 양에 따라 젤라틴의 양을 가감한다.
- 크렘 파티시에르와 크렘 푸에테(휘핑한 생크림)를 섞을 때 생크림을 최소 2~3회에 걸쳐 나누어 넣는 것이 안정적이다.
- 생크림을 섞는 방법은 처음에는 휘핑한 생크림의 소량을 크렘 파티시에르에 넣어 거품기로 휘핑하듯 섞는다. 두 번째 생크림은 아래에서 위로 크림을 떠올리며 조심스럽게 섞고, 마지막은 고무 주걱으로 가볍게 섞으며 마무리한다.
- 잘 만들어진 크렘 디플로마트(디플로마트 크림)는 윤기가 나고 쫀쫀한 텍스처를 띤다.

보관법

- 완성된 크렘 디플로마트는 표면에 랩을 밀착시키고 감싸 냉장고에서 최대 하루 동안 보관할 수 있다.

1 2 3

CRÈME DIPLOMATE 크렘 디플로마트

재료

노른자 60g	우유 250g	판젤라틴 4g
설탕A 30g	설탕B 30g	버터 20g
옥수수 전분 20g	바닐라 빈 1/2개	생크림 200g

만드는 방법

1 볼에 노른자, 설탕A, 체 친 옥수수 전분을 넣고 섞은 다음 함께 끓인 우유, 설탕B, 바닐라 빈의 씨와 깍지를 붓고 섞는다.

2 체에 걸러 냄비에 옮기고 거품기로 저어가며 가열해 크렘 파티시에르를 만든 다음 불에서 내려 찬물에 불려 물기를 제거한 판젤라틴, 버터를 넣고 섞는다.
- 완성한 크렘 파티시에르는 철팬에 부어 표면에 랩을 밀착시키고 감싸 급속 냉동고에서 4℃까지 식힌다.

3 다른 볼에 ②를 넣고 부드럽게 푼 뒤 80%까지 휘핑한 생크림을 2~3회에 걸쳐 나누어 넣고 섞는다.

*

크렘 레제(Crème Légère)

'가벼운 크림'이라는 뜻의 크렘 레제는 크렘 파티시에르와 크렘 푸에테를 2:1의 비율로 섞어 만든다. 젤라틴을 넣지 않아 크렘 디플로마트보다 조금 더 가벼운 식감이 나며 보형성은 다소 떨어진다. 흔히 슈크림이라 알고 있는 크림으로 크렘 파티시에르의 바닐라 풍미와 생크림의 부드러운 우유 맛이 어우러져 고급스러운 맛이 난다. 주로 생토노레, 밀푀유, 슈의 충전용 크림으로 사용된다.

ABOUT 크렘 디플로마트

젤라틴은 언제 섞는 것이 좋나요?

물에 불린 젤라틴은 크렘 파티시에르를 끓이자마자 뜨거운 상태에서 넣어야 덩어리 없이 매끄럽게 녹일 수 있어요. 크렘 파티시에르의 온도가 차갑다면 크림의 온도를 40℃ 정도로 데운 뒤 물에 불린 젤라틴을 녹여 넣고 섞으세요. 또는 크렘 파티시에르의 온도를 약 25℃의 실온 상태로 만든 후, 젤라틴을 중탕이나 전자레인지로 녹여 넣어 섞을 수도 있습니다.

생크림은 얼마나 넣어야 적당한가요?

크렘 디플로마트를 만들 때 생크림의 양은 보통 크렘 파티시에르 양의 1/2 정도입니다. 하지만 경우에 따라 1:1의 비율로 섞기도 해요. 생크림의 양을 늘릴수록 텍스처가 가벼워지고 맛이 산뜻해진다고 생각하면 쉽습니다. 표현하고자 하는 맛에 따라 생크림의 양을 조절해 나만의 크렘 디플로마트를 만들어보세요.

크렘 파티시에르와 생크림을 섞을 때 주의할 점이 있나요?

크렘 파티시에르는 생크림과 비교했을 때 무거운 크림이에요. 따라서 두 크림을 혼합할 때 과하게 섞게 되면 생크림 속의 거품이 가라앉아 크림이 묽게 돼 버립니다. 따라서 한번에 생크림을 넣지 않고 조금씩 나누어 넣어야 하며 거품기로 조심스럽게 섞어야 실패할 확률을 낮출 수 있어요. 크렘 파티시에르에 휘핑한 생크림을 소량 덜어 섞은 다음 나머지 생크림을 2회에 걸쳐 나눠 넣으며 섞어보세요. 이때 뜨거운 상태의 크렘 파티시에르에 생크림을 섞지 않도록 주의하세요.

크렘 디플로마트에 덩어리가 생겼어요. 왜 그런 걸까요?

크렘 파티시에르를 끓이며 생긴 덩어리일 수 있어요. 크렘 파티시에르를 만들 때 노른자 혼합물에 전분을 잘 분산시키고 멍울이 생기지 않도록 고루 저어가며 끓이면 덩어리지는 것을 방지할 수 있지요. 크렘 파티시에르에서 덩어리가 생긴 것이 아니라면 젤라틴을 넣은 다음 생크림과 섞을 때 온도 차이에 의해 생긴 것이에요. 젤라틴이 섞인 크렘 파티시에르가 볼의 벽면이나 거품기 살에 묻은 채로 차가운 생크림과 섞이지 않고 방치되면 최종 상태에서 젤라틴 덩어리가 남을 수 있습니다. 생크림을 섞기 전 크렘 파티시에르에 젤라틴 덩어리가 있다면 크림의 온도를 높여 완전히 녹이거나 핸드블렌더로 젤라틴 덩어리를 잘게 갈아 주세요.

크렘 디플로마트는 왜 만든 다음 바로 사용해야 하나요?

크렘 디플로마트는 젤라틴을 녹인 크렘 파티시에르와 크렘 푸에테가 섞인 것입니다. 여기서 젤라틴은 가벼운 질감의 크렘 푸에테를 넣었을 때 크림의 형태가 무너지지 않게 하는 역할을 합니다. 하지만 시간이 지나 크림 속 젤라틴이 차갑게 굳으면 질감이 젤리화되어 작업이 어려워지고 최종 제품에서 좋지 않은 식감이 날 수 있어요. 따라서 크렘 디플로마트는 만들자마자 바로 사용하는 것이 가장 좋습니다.

크렘 디플로마트에 다른 맛을 표현하고 싶은데 어떻게 하면 되나요?

리큐르 등 풍미가 뛰어난 알코올을 첨가하면 간단하게 다양한 맛을 낼 수 있습니다. 대표적으로 체리 향의 키르슈, 오렌지 향의 쿠앵트로, 트리플 섹, 그랑 마르니에 등을 활용해 풍미를 더하지요. 리큐르는 생크림을 휘핑할 때 첨가하거나 크렘 파티시에르에 넣어 섞으면 됩니다.

크렘 디플로마트는 어디에 많이 쓰이나요?

버터로 만든 크림처럼 보형성이 우수하지는 않지만 짤주머니에 넣고 짰을 때 모양을 낼 수 있을 정도의 유지력을 지녀 다양한 제품에 활용할 수 있어요. 생토노레처럼 크림의 짠 모양을 그대로 드러내는 제품뿐만 아니라 슈, 에클레르 등의 필링 크림으로 쓰이기도 하며 밀푀유의 샌딩 크림 또는 앙트르메의 인서트 크림으로도 사용됩니다. 하지만 수분이 많은 크림이기 때문에 슈나 밀푀유에 쓸 경우 오랜 시간 두었을 때 바삭한 식감을 잃을 수 있으니 참고하세요.

크렘 디플로마트와 크렘 레제의 차이점은 무엇인가요?

간단히 말해 젤라틴의 유무로 구분할 수 있어요. 크렘 디플로마트에는 젤라틴이 들어가고 크렘 레제에는 들어가지 않습니다. 크렘 디플로마트는 젤라틴을 넣어 만들기 때문에 형태 유지가 가능하고 수분이 빠지는 이수 현상이 적습니다. 이러한 점 때문에 앙트르메의 메인 크림, 짤주머니로 짜서 모양을 보여주는 크림으로 활용되지요. 반면 크렘 레제는 보다 부드러우며 산뜻한 맛을 가지고 있지만 형태 유지가 어렵고 냉장고에서 보관할 때 이수 현상이 잘 생기는 크림이에요. 두 크림의 특징을 잘 파악해 만들고자 하는 제품의 식감, 형태, 보관법 등을 고려하고 적절히 선택해 사용해보세요.

SAINT-HONORÉ
aux Pêches 복숭아 생토노레

지름 20㎝ 세르클 2개 분량

A 아몬드 크럼블
버터 80g, 박력분 80g, 설탕 40g
소금 1g, 황설탕 40g, 아몬드파우더 105g

B 크루스티양
화이트초콜릿 65g, 버터 90g
카카오버터 50g, A(아몬드 크럼블) 320g
파이테 푀이틴 80g

C 크라클랭
버터(가염) 200g, 황설탕 250g
박력분 250g

D 슈
물 200g, 우유 200g, 버터 180g
소금 6g, 설탕 8g
T55(프랑스 밀가루) 220g, 달걀 400g

E 천도복숭아 자두 콩포트
천도복숭아 450g, 자두 150g
레몬 주스 30g, 설탕 200g, 펙틴 NH 8g

F 복숭아 패션프루츠 콩피
복숭아 퓌레 150g, 패션프루츠 퓌레 50g
설탕 60g, 펙틴 NH 3g

A 아몬드 크럼블
1 볼에 모든 재료를 넣고 섞는다.
2 체에 내려 철팬에 넣고 150℃ 컨벡션 오븐에서 20분 동안 굽는다.

B 크루스티양
1 볼에 화이트초콜릿, 버터, 카카오버터를 넣고 중탕으로 녹인다.
• 버터는 전자레인지에서 완전히 녹여 지방 성분만 정제된 것을 사용한다.
2 A(아몬드 크럼블), 파이테 푀이틴을 넣고 부드럽게 섞는다.
3 지름 20㎝ 세르클에 250g씩 넣고 윗면을 평평하게 정리해 굳힌다.

C 크라클랭
1 믹서볼에 모든 재료를 넣고 한 덩어리가 될 때까지 비터로 믹싱한다.
2 반죽을 2㎜ 두께로 밀어 펴 지름 3㎝ 원형으로 자르고 냉장고에서 보관한다.

D 슈
1 냄비에 물, 우유, 버터, 소금, 설탕을 넣고 끓인다.
2 T55를 넣고 호화시킨 다음 불에서 내려 달걀을 조금씩 나누어 넣고 섞는다.
3 짤주머니에 반죽을 넣어 철팬에 지름 3㎝ 원형으로 짠다.
4 윗면에 C(크라클랭)를 올린다.
5 윗불 160℃, 아랫불 170℃ 데크 오븐에서 20분 동안 굽고 윗불 180℃, 아랫불 170℃로 오븐의 온도를 맞춰 10분 동안 더 굽는다.
6 댐퍼를 열고 15~20분 동안 더 굽는다.

E 천도복숭아 자두 콩포트
1 냄비에 씨를 제거하고 작게 자른 천도복숭아와 자두, 레몬 주스를 넣고 끓인다.
2 함께 섞은 설탕, 펙틴 NH를 넣고 끓인다.
3 불에서 내려 지름 13㎝ 세르클에 230g씩 넣고 냉동고에서 굳힌다.

F 복숭아 패션프루츠 콩피
1 냄비에 모든 재료를 넣고 끓인다.
2 불에서 내려 반구 모양 실리콘 몰드에 넣은 다음 D(슈)를 뒤집어 넣고 냉동고에서 굳힌다.

G 파티시에 크림

우유 250g, 설탕A 30g
바닐라 빈 1/2개, 노른자 60g
설탕B 30g, 옥수수 전분 20g
판젤라틴 4g, 버터 20g
복숭아 리큐르 6g

/

H 디플로마트 크림

G(파티시에 크림) 400g
생크림 200g

/

마무리

천도복숭아 적당량
식용 금박 적당량

G 파티시에 크림

1 냄비에 우유, 설탕A, 바닐라 빈의 씨와 깍지를 넣고 끓인다.
2 볼에 노른자, 설탕B, 옥수수 전분을 넣고 섞은 다음 ①을 넣고 섞는다.
3 체에 걸러 다시 냄비에 옮기고 크림 상태가 될 때까지 저어가며 가열한다.
4 불에서 내려 찬물에 불려 물기를 제거한 판젤라틴, 버터, 복숭아 리큐르를 넣고 섞는다.
5 철팬에 붓고 표면에 랩을 밀착시켜 감싼 뒤 급속 냉동고에서 4℃까지 식힌다.

H 디플로마트 크림

1 볼에 G(파티시에 크림)를 넣고 푼 다음 휘핑한 생크림을 2~3회에 걸쳐 나누어 넣고 섞는다.

마무리

1 몰드에서 뺀 F(복숭아 패션프루츠 콩피)의 안쪽에 H(디플로마트 크림)를 채운다.
2 B(크루스티양)의 가장자리에 ①을 붙인다.
3 가운데에 짤주머니에 넣은 G(파티시에 크림)를 짜고 세르클에서 뺀 E(천도복숭아 자두 콩포트)를 올린다.
4 남은 G(파티시에 크림)를 짜고 생토노레 모양깍지를 낀 짤주머니에 남은 H(디플로마트 크림)를 넣고 짠다.
5 슬라이스한 천도복숭아, 식용 금박으로 장식한다.

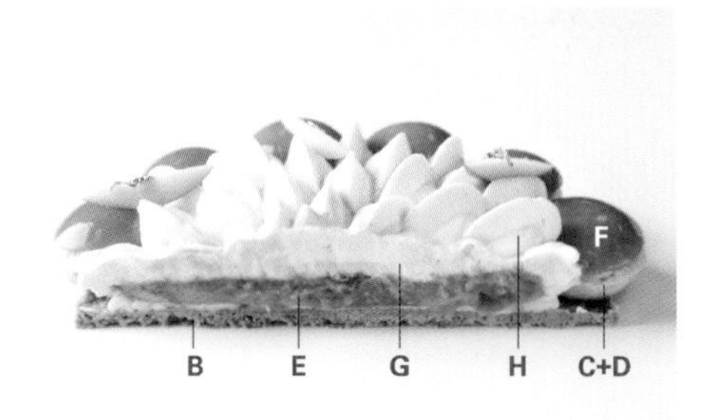

B 크루스티양
C 크라클랭
D 슈
E 천도복숭아 자두 콩포트
F 복숭아 패션프루츠 콩피
G 파티시에 크림
H 디플로마트 크림

TARTELETTE
à la Vanille et Noisette
바닐라&헤이즐넛 타르틀레트

지름 8㎝ 세르클 15개 분량

A 헤이즐넛 사블레

버터 200g, 소금 3g
미분당 100g, 헤이즐넛파우더 100g
달걀 85g, 박력분 400g

/

B 헤이즐넛 버터 아몬드 비스퀴

흰자 130g, 미분당 130g
아몬드파우더 60g
박력분 60g, 바닐라파우더 3g
베이킹파우더 2g, 소금 1g
꿀 20g, 헤이즐넛 버터 100g

C 프랄리네 크림

헤이즐넛 프랄리네 90g
생크림 45g

D 바닐라 휘핑 가나슈

생크림 300g, 트리몰린 9g
물엿 9g, 바닐라 빈 1개
화이트초콜릿(35%) 60g
판젤라틴 1g, 바닐라 농축액 2g

E 바닐라 오일

올리브 오일 250g
바닐라 빈 1개

A 헤이즐넛 사블레

1 믹서볼에 포마드 상태의 버터, 소금, 미분당을 넣고 저속에서 비터로 믹싱한다.
2 헤이즐넛파우더를 넣고 믹싱한 다음 달걀을 조금씩 나누어 넣으면서 믹싱한다.
3 체 친 박력분을 넣고 믹싱해 한 덩어리로 만든다.
4 2㎜ 두께로 밀어 펴 냉장고에서 1시간 이상 휴지시킨다.
5 지름 8㎝ 세르클에 맞게 잘라 퐁사주하고 160℃ 컨벡션 오븐에서 13분 동안 굽는다.
- 데크 오븐일 경우 윗불 170℃, 아랫불 170℃ 오븐에서 15분 동안 굽는다.

B 헤이즐넛 버터 아몬드 비스퀴

1 볼에 흰자, 함께 체 친 미분당, 아몬드파우더, 박력분, 바닐라파우더, 베이킹파우더, 소금을 넣고 거품기로 섞은 뒤 꿀을 넣고 섞는다.
2 헤이즐넛 버터를 넣고 섞는다.
- 헤이즐넛 버터는 냄비에 버터를 넣고 갈색이 될 때까지 태운 다음 40~45℃로 식혀 사용한다.

3 40×60㎝ 크기의 철팬에 반죽을 붓고 윗면을 평평하게 정리한 다음 170℃ 컨벡션 오븐에서 7~8분 동안 굽는다.
- 데크 오븐일 경우 윗불 180℃, 아랫불 170℃ 오븐에서 10분 동안 굽는다.

4 지름 7㎝ 원형 커터로 찍어 자른다.

C 프랄리네 크림

1 볼에 모든 재료를 넣고 거품기로 섞는다.

D 바닐라 휘핑 가나슈

1 냄비에 생크림 1/2, 트리몰린, 물엿, 바닐라 빈의 씨와 깍지를 넣고 끓인 뒤 불에서 내려 20분 동안 향을 우린다.
2 다시 불에 올려 데우고 체에 걸러 화이트초콜릿에 붓는다.
3 찬물에 불려 물기를 제거한 판젤라틴, 바닐라 농축액을 넣고 핸드블렌더로 섞는다.
- 판젤라틴은 200bloom인 것을 사용한다.

4 차가운 상태의 남은 생크림을 넣고 핸드블렌더로 섞은 다음 냉장고에서 12시간 동안 숙성시킨다.

E 바닐라 오일

1 올리브 오일에 바닐라 빈의 씨와 깍지를 넣고 핸드블렌더로 섞은 다음 진공팩에 넣고 7일 동안 숙성시킨다.

F 디플로마트 크림

우유 210g, 설탕A 26g
바닐라 빈 1개, 노른자 52g
설탕B 26g, 옥수수 전분 17g
버터 15g, 판젤라틴 3g
생크림 150g

마무리

미루아르 적당량
식용 금박 적당량

F 디플로마트 크림

1 냄비에 우유, 설탕A, 바닐라 빈의 씨와 깍지를 넣고 끓인다.
2 볼에 노른자, 설탕B, 옥수수 전분을 넣고 거품기로 섞은 다음 ①을 붓고 섞는다.
3 체에 걸러 다시 냄비에 옮기고 거품기로 저어가며 가열해 파티시에 크림을 만든다.
4 불에서 내려 차가운 상태의 버터, 찬물에 불려 물기를 제거한 판젤라틴을 넣고 섞는다.
5 얼음물에 받쳐 저어가며 25℃까지 식히고 휘핑한 생크림을 2~3회에 걸쳐 나누어 넣으며 섞는다.

마무리

1 A(헤이즐넛 사블레)에 짤주머니에 넣은 C(프랄리네 크림)를 8g씩 짠다.
2 E(바닐라 오일)를 적신 B(헤이즐넛 버터 아몬드 비스퀴)를 넣고 살짝 눌러 고정시킨다.
3 짤주머니에 넣은 F(디플로마트 크림)를 30g씩 짠 다음 스패튤러로 윗면을 평평하게 정리한다.
4 휘핑한 D(바닐라 휘핑 가나슈)를 25g씩 올린 다음 스패튤러를 이용해 돔 모양으로 만들고 냉동고에서 굳힌다.
5 데운 미루아르에 윗면을 담궈 코팅한다.
6 남은 D(바닐라 휘핑 가나슈), 식용 금박으로 장식한다.

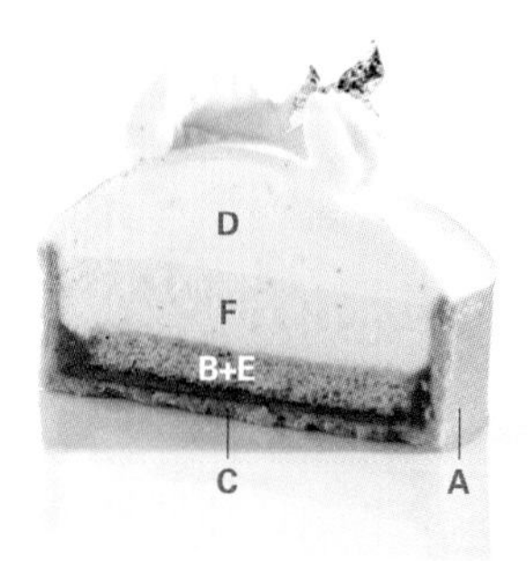

A 헤이즐넛 사블레
B 헤이즐넛 버터 아몬드 비스퀴
C 프랄리네 크림
D 바닐라 휘핑 가나슈
E 바닐라 오일
F 디플로마트 크림

MILLE-FEUILLE
aux Cerises 체리 밀푀유

4×10㎝ 직사각형 12개 분량

A 푀이타주 앵베르세

강력분A 250g
버터A(14℃) 650g
찬물 250g, 소금 25g
식초 4g, 버터B 165g
강력분B 300g
T55(프랑스 밀가루) 250g
미분당 적당량

B 레제 크림

우유 500g, 바닐라 빈 1/2개
설탕A 60g, 노른자 120g
설탕B 60g, 옥수수 전분 40g
버터 35g, 생크림 350g

A 푀이타주 앵베르세

1 믹서볼에 강력분A, 포마드 상태의 버터A를 넣고 훅으로 믹싱한다.
2 비닐에 올려놓고 감싼 뒤 밀대로 두들기며 30㎝ 크기의 정사각형으로 만든다.
3 냉장고에서 2시간 이상 휴지시킨다.(겉 반죽)
4 다른 믹서볼에 찬물(2~4℃)을 넣고 소금, 식초를 넣어 녹인다.
5 버터B를 35℃로 녹여 ④에 넣고 가볍게 섞는다.
6 강력분B, T55(프랑스 밀가루)를 넣고 1단에서 3~5분 동안 훅으로 믹싱한다.
7 비닐에 올려놓고 감싼 다음 밀대로 두들기며 30㎝ 크기의 정사각형으로 만들어 냉장고에서 2시간 이상 휴지시킨다.(속 반죽)
8 ③에 ⑦을 붙여 밀어 편 다음 4절 접기 2회 해 냉장고에서 2시간 이상 휴지시킨다.
9 다시 반죽을 밀어 펴 4절 접기 1회, 3절 접기 1회 한 다음 냉장고에서 2시간 이상 휴지시킨다.
10 1.8㎜ 두께로 밀어 펴 40×60㎝ 크기의 직사각형으로 자르고 냉장고에서 2시간 동안 휴지시킨다.
11 피케해 철팬에 올린 다음 이형지, 철팬을 차례대로 올린다.
* 피케(piquer): 반죽에 피케 롤러, 포크, 칼끝 등으로 작은 구멍을 내는 작업.

12 180℃ 컨벡션 오븐에서 1분 동안 굽고 냉동고에서 얼린다.
13 반죽이 살짝 얼면 4×10㎝ 크기의 직사각형으로 자르고 이형지, 철팬을 차례대로 올린다.
14 180℃ 컨벡션 오븐에서 댐퍼를 열고 갈색이 될 때까지 20~25분 동안 굽는다.
15 오븐에서 꺼내 미분당을 고루 뿌리고 오븐에 다시 넣은 다음 오븐의 온도를 230℃로 높여 카라멜리제한다.
16 그릴에 올려 식힌다.

B 레제 크림

1 냄비에 우유, 바닐라 빈의 씨와 깍지, 설탕A를 넣고 끓인 다음 불에서 내려 5분 동안 향을 우린다.
2 볼에 노른자, 설탕B를 넣고 거품기로 섞은 뒤 옥수수 전분을 넣고 섞는다.
3 ②에 ①을 붓고 섞은 다음 체에 걸러 다시 냄비에 넣고 거품기로 저어가며 가열해 파티시에 크림을 만든다.
4 버터를 넣고 섞은 다음 랩을 감싼 철팬에 펼쳐 부어 표면에 랩을 밀착시키고 감싸 급속 냉동고에서 식히고 냉장고에서 보관한다.
5 볼에 ④를 넣고 거품기로 부드럽게 푼 뒤 80%까지 휘핑한 생크림을 2~3회에 걸쳐 나누어 넣으면서 섞는다.

C 체리 콩포트

체리 퓌레 100g, 레몬 퓌레 10g
설탕 55g, 펙틴 NH 3g

마무리

체리(슬라이스한 것) 적당량
식용 금박 적당량

C 체리 콩포트

1 냄비에 체리 퓌레, 레몬 퓌레, 설탕 4/5를 넣고 데운다.
2 남은 설탕과 펙틴 NH를 섞어 ①에 넣고 85℃까지 가열한 뒤 불에서 내려 식힌다.
3 핸드블렌더로 간다.

마무리

1 지름 1.2㎝ 원형 모양깍지를 낀 짤주머니에 B(레제 크림)를 넣고
A(푀이타주 앵베르세) 1장에 2줄 짠다.
2 B(레제 크림) 사이에 짤주머니에 넣은 C(체리 콩포트)를 짜고
A(푀이타주 앵베르세) 1장을 올린다.
3 ①~②의 과정을 1회 반복한다.
4 윗면에 남은 B(레제 크림)를 물결 무늬로 짜고 체리, 식용 금박으로 장식한다.

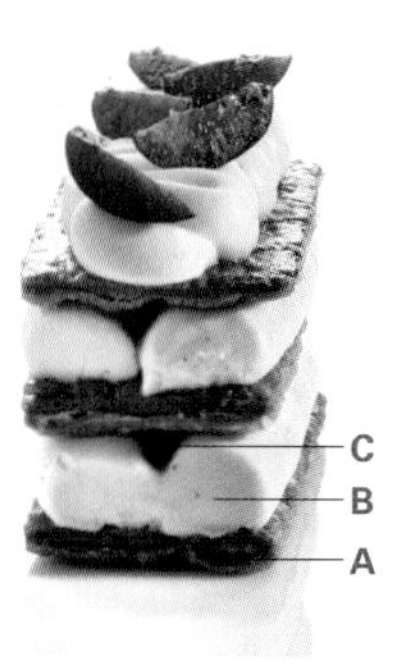

A 푀이타주 앵베르세
B 레제 크림
C 체리 콩포트

COCO FINE
코코 파인

지름 6.2㎝, 높이 5.2㎝ 구형
실리콘 몰드 12개 분량

A 코코넛 다쿠아즈
흰자 300g, 설탕 100g
아몬드파우더 50g, 미분당 250g
코코넛파우더 200g

/

B 코코넛 크루스티양
화이트초콜릿(33%) 100g
카카오버터 30g
아몬드 크럼블 160g
파이테 푀이틴 80g
코코넛파우더(구운 것) 120g

/

C 파인애플 망고 콩포트
버터 20g, 파인애플 300g
망고 150g, 라임 제스트 1개 분량
오렌지 제스트 1개 분량
바닐라 빈 1개, 설탕 50g
펙틴 NH 3g

/

D 엑조티크 디플로마트 크림
엑조티크 퓌레 500g, 설탕 100g
노른자 160g, 판젤라틴 16g
생크림 450g

A 코코넛 다쿠아즈

1 믹서볼에 흰자, 설탕을 넣고 휘핑해 머랭을 만든다.
2 함께 체 친 아몬드파우더, 미분당, 코코넛파우더를 넣고 고무 주걱으로 조심스럽게 섞는다.
3 30×40×1.5㎝ 크기의 직사각형 틀에 반죽을 넣고 스패튤러로 윗면을 평평하게 정리한다.
4 200℃ 컨벡션 오븐에서 댐퍼를 닫고 5분 동안 구운 다음 오븐의 온도를 170℃로 낮춰 댐퍼를 열고 15~20분 동안 굽는다.
- 데크 오븐일 경우 윗불 190℃, 아랫불 170℃ 오븐에서 20~25분 동안 굽는다. 15분이 지나면 댐퍼를 열고 굽는다.

B 코코넛 크루스티양

1 볼에 화이트초콜릿, 카카오버터를 넣고 중탕으로 녹인다.
2 아몬드 크럼블, 파이테 푀이틴, 코코넛파우더를 넣고 섞는다.
- 아몬드 크럼블은 134p 복숭아 생토노레의 A(아몬드 크럼블)를 참고해 만든다.

3 A(코코넛 다쿠아즈)에 붓고 윗면을 평평하게 정리한 다음 냉동고에서 굳힌다.
4 틀에서 빼 지름 4㎝ 원형으로 자르고 냉동고에서 보관한다.

C 파인애플 망고 콩포트

1 냄비에 버터를 넣고 녹인 다음 나머지 재료를 넣고 졸인다.
- 펙틴 NH는 설탕과 미리 섞어 넣는다.

2 지름 4㎝, 높이 2㎝ 반구형 실리콘 몰드에 채워 냉동고에서 굳힌다.
- 실리콘 몰드는 실리코마트사(社)의 SF005 HALF-SPHERES 40을 사용했다.

D 엑조티크 디플로마트 크림

1 냄비에 엑조티크 퓌레, 설탕 1/2을 넣고 끓인다.
2 노른자와 남은 설탕을 거품기로 섞은 다음 ①을 붓고 섞는다.
3 다시 냄비에 옮겨 실리콘 주걱으로 저어가며 83~85℃까지 가열한다.
4 불에서 내려 찬물에 불려 물기를 제거한 판젤라틴을 넣고 녹인 뒤 체에 걸러 볼에 옮기고 25~28℃까지 식힌다.
5 80%까지 휘핑한 생크림을 2회에 걸쳐 나누어 넣고 섞는다.

E 엑조티크 젤리

물엿 30g, 설탕A 65g
패션프루츠 퓌레 150g
망고 퓌레 360g, 설탕B 16g
펙틴 NH 8g, 미루아르 150g

마무리

초콜릿 장식물 적당량
식용 금박 적당량

E 엑조티크 젤리

1 냄비에 물엿, 설탕A를 넣고 카라멜리제한다.
2 데운 패션프루츠 퓌레를 넣고 섞은 뒤 망고 퓌레를 넣고 섞는다.
3 설탕B, 펙틴 NH를 섞어 ②에 넣고 끓인다.
4 미루아르를 넣고 끓인 다음 불에서 내려 핸드블렌더로 75℃까지 섞는다.

마무리

1 지름 6.2㎝, 높이 5.2㎝ 구형 실리콘 몰드에 D(엑조티크 디플로마트 크림)를 1/2 높이까지 넣는다.
 * 실리콘 몰드는 실리코마트사(社)의 SF192 TRUFFLES 120을 사용했다.
2 몰드에서 뺀 C(파인애플 망고 콩포트), B(코코넛 크루스티양)를 차례대로 넣고 스패튤러로 윗면을 평평하게 정리해 냉동고에서 굳힌다.
3 몰드에서 빼 겉면에 75℃의 E(엑조티크 젤리)를 입힌다.
4 초콜릿 장식물, 식용 금박으로 장식한다.

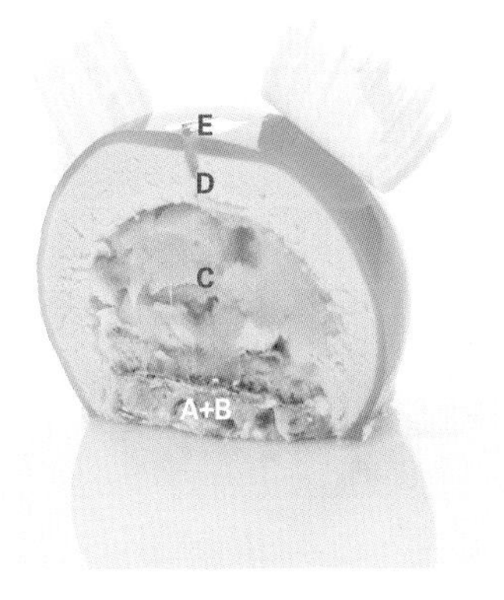

A 코코넛 다쿠아즈
B 코코넛 크루스티양
C 파인애플 망고 콩포트
D 엑조티크 디플로마트 크림
E 엑조티크 젤리

CRÈME MOUSSELINE

크렘 무슬린

크렘 파티시에르와 버터 또는 버터 크림을 혼합해 만드는 크렘 무슬린(Crème Mousseline)에 대해 알아본다. '무슬린(Mousseline)'은 프랑스어로 부드러운 면 소재의 섬유를 뜻하는데 크림이 섬유처럼 가볍고 부드럽다는 데서 그 이름이 유래됐다. 크렘 오 뵈르보다 가볍고 크렘 파티시에르보다 무거운 식감을 가진 이 크림은 적당한 점성이 있어 버터 크림 케이크, 무스케이크의 인서트 크림, 파리 브레스트의 필링 크림, 수분이 많은 과일과 반죽을 접착하는 용도 등으로 사용할 수 있다.

MAKE 크렘 무슬린 만들기

준비하기

- 스테인리스 재질의 냄비, 볼, 믹서볼, 거품기, 체, 실리콘 주걱, 핸드블렌더를 준비한다.
- 바닐라 빈은 반으로 갈라 씨와 깍지를 분리한다.
- 옥수수 전분은 체 친다.
- 버터의 1/2은 큐브 모양으로 자르고 나머지는 상온에 두어 온도를 23~25℃로 맞춘다.

포인트

- 크렘 파티시에르에 버터를 조금씩 나누어 넣고 섞는다. 크렘 파티시에르가 뜨거울 때 버터 절반을 큐브 모양으로 잘라 넣고 냉장고에서 최소 2시간~12시간 동안 보관하면 크림 상태가 안정돼 마지막에 넣는 버터와 잘 섞인다.
- 유화가 잘되지 않는다면 크림의 온도를 살짝 올려 버터를 풀고 다시 온도를 낮춰 휘핑한다.
- 일반적으로 크렘 무슬린(무슬린 크림)은 크렘 파티시에르와 버터의 비율이 2:1이지만 버터의 비율을 달리해 식감을 조절할 수 있다. 또는 휘핑 정도를 늘리면 같은 배합이라도 더 가벼운 식감을 얻을 수 있다.
- 마지막에 넣는 버터는 포마드 상태의 버터 대신 버터 크림으로 대체할 수 있다. 버터 크림을 넣으면 버터를 넣는 것보다 식감은 가벼워지고 풍미는 깊어진다.

보관법

- 표면에 랩을 밀착시키고 감싸 냉장고에서 24시간 동안 보관할 수 있다. 장기간 보관할 경우 1주 이상 냉동고에서 보관하고, 사용하기 12시간 전 냉장고로 옮겨 서서히 해동한 다음 부드럽게 풀어 쓴다.

1 2 3
4

CRÈME MOUSSELINE 크렘 무슬린

재료

우유 1000g	옥수수 전분 80g
바닐라 빈 1개	버터A 250g
설탕 250g	버터B 250g
노른자 250g	

만드는 방법

1 냄비에 우유, 바닐라 빈의 씨, 설탕 1/2을 넣고 끓인 다음 함께 섞은 노른자, 남은 설탕, 옥수수 전분에 붓고 거품기로 섞는다.

2 체에 걸러 다시 냄비에 옮기고 크림 상태가 될 때까지 저어가며 가열해 크렘 파티시에르를 만든다.

3 뜨거울 때 큐브 모양으로 자른 버터A를 넣어 핸드블렌더로 섞고 4℃까지 식혀 최소 2시간~12시간 동안 냉장고에서 휴지시킨다.

4 믹서볼에 옮겨 포마드 상태의 버터B를 넣고 비터로 부드럽게 믹싱한다.(최종 온도: 21~23℃)

ABOUT 크렘 무슬린

크렘 무슬린에 버터를 얼마나 넣어야 하나요?

보통 크렘 파티시에르 대비 50% 정도의 버터를 넣어 만드는데 많게는 70%까지도 더 할 수 있습니다. 들어가는 버터의 양이 많아질수록 되직하고 무거운 텍스처의 크림이 완성됩니다. 만들고자 하는 제품의 특성과 구성에 알맞게 버터의 양을 조절하세요.

버터는 왜 2번에 걸쳐 나누어 넣고 섞나요?

첫 번째 넣는 버터는 뜨거운 크렘 파티시에르에 들어가 완전히 녹는 것이고 두 번째 넣는 버터는 부드러운 상태를 유지하며 혼합되는 것이에요. 버터는 저온에서는 고체 지방이 대부분이라 단단하지만 35℃ 이상의 온도가 높은 환경에서는 고체 지방이 액체 지방으로 변해 점차 부드러워지는 특성을 가지고 있어요. 다른 온도에서 버터를 나누어 넣는 과정을 통해 버터의 결정 구조가 달라지고 크림의 식감이 정해지는 것이지요. 예를 들어, 버터를 뜨거운 크렘 파티시에르에 한번에 넣는다면 전부 녹아버려 액체 지방이 대부분을 이루게 되고 최종 크림 상태가 질게 됩니다. 반대로 마지막에 포마드 상태의 버터를 한번에 넣고 섞는다면 그만큼 고체 지방의 함량이 높아져 크림이 조금 더 단단해지는 차이가 생기게 될 거예요. 그리고 무엇보다도 버터를 2회에 걸쳐 나누어 넣게 되면 크림의 유화를 더욱 쉽게 할 수 있습니다.

Crème
03

크렘 무슬린을 만들다가 분리 현상이 일어났어요. 어떻게 하면 복구할 수 있나요?

크렘 파티시에르와 버터의 온도가 맞지 않으면 쉽게 분리가 일어납니다. 이러한 문제를 해결하기 위해서는 크렘 파티시에르를 충분히 냉장고에서 안정화시키고(최소 2시간) 다시 온도를 23~25℃로 올려 푼 뒤 포마드 상태의 버터를 넣고 유화시키는 것이 좋습니다. 온도 차로 인해 분리 현상이 발생했다면 중탕볼 혹은 토치로 볼의 겉면을 살짝 데워가며 섞으면 다시 복구할 수 있습니다. 완성된 크렘 무슬린의 온도도 21~23℃를 유지하도록 신경 써 주세요.

크렘 무슬린은 크림화를 어느 정도까지 하는 것이 알맞나요?

크렘 무슬린은 유화 정도와 크림화 정도에 따라 맛과 식감이 크게 달라지는 크림이에요. 너무 많이 크림화를 진행하면 부드럽지만 맛이 연해지고 분리 현상이 생기기 쉽습니다. 반대로 너무 적게 크림화를 하면 버터 맛이 많이 나 전체적인 맛이 무거워지고 텍스처 또한 부드럽지 않아요. 또한 유화가 잘 되지 않은 크림은 먹었을 때 입 안에 잔여물이 남아 식감이 좋지 않답니다. 그러므로 매끄럽게 버터가 잘 유화된 상태에서 맛을 보고 크림화 정도를 판단해야 합니다.

크렘 무슬린에 버터 대신 버터 크림을 넣는다면 어떤 버터 크림이 가장 적합한가요?

크렘 파티시에르에 버터 대신 버터 크림을 섞게 되면 전반적으로 가볍고 부드러운 텍스처의 크렘 무슬린을 완성할 수 있습니다. 이때 사용하는 버터 크림은 어떠한 종류여도 크게 상관없지만 크렘 앙글레즈 베이스의 버터 크림을 추천합니다. 이유는 크렘 앙글레즈 베이스의 버터 크림은 노른자가 들어가 풍미가 짙고 함께 섞는 크렘 파티시에르와 맛, 텍스처 면에서 비슷한 부분이 많기 때문이지요. 이렇게 만든 크렘 무슬린은 슈, 에클레르, 파리 브레스트, 밀푀유 등의 필링 크림, 무스케이크의 인서트 크림 등으로 다양하게 활용할 수 있습니다.

크렘 무슬린은 어떤 재료와 잘 어울리나요?

크렘 무슬린은 크렘 오 뵈르와 크렘 파티시에르의 중간 정도 되는 부드러움과 되기를 가진 크림이에요. 향과 맛이 깊고 진한 견과류 프랄리네, 초콜릿 등의 재료부터 새콤달콤한 과일까지 다양한 재료와 매치할 수 있습니다. 지방 성분으로 이루어진 프랄리네를 추가한다면 크림 대비 10~20%의 양을 넣어주세요. 이렇게 하면 고소한 견과류의 풍미가 느껴지는 크림을 만들 수 있습니다. 커피 농축액 등 수분이 적은 에센스 등의 재료를 소량 첨가해도 쉽게 맛에 변화를 줄 수 있어요.

FRAISIER
프레지에

지름 18cm 원형 무스케이크 틀 3개 분량

A 제누아즈
달걀 360g, 설탕 180g
꿀 20g, 박력분 200g
버터 50g, 우유 50g

/

B 키르슈 펀치
키르슈 50g, 시럽 150g, 물 50g

/

C 무슬린 크림
우유 1000g, 설탕 250g
바닐라 빈 2개, 노른자 250g
옥수수 전분 80g, 버터A 250g
버터B 250g

/

D 산딸기 쿨리 젤리피에
산딸기 퓌레 175g
설탕 15g, 판젤라틴 3g

/

E 마지팬 장식
아몬드 페이스트(52%) 300g
초록색 식용 색소 적당량
노란색 식용 색소 적당량

A 제누아즈

1 볼에 달걀, 설탕, 꿀을 넣고 거품기로 휘핑하며 중탕으로 45℃까지 데운다.
2 중탕볼에서 내려 휘핑하고 체 친 박력분을 넣어 섞은 다음 50℃로 함께 녹인 버터와 우유를 넣고 섞는다.
3 지름 19㎝ 원형 케이크 틀에 반죽을 팬닝하고 윗불 180℃, 아랫불 160℃ 데크 오븐에서 25~30분 동안 굽는다.
* 컨벡션 오븐일 경우 160℃ 오븐에서 25분 동안 굽는다.

4 틀에서 빼 지름 18㎝, 두께 1㎝ 원형으로 자른다.

B 키르슈 펀치

1 볼에 모든 재료를 넣고 섞는다.
* 시럽은 물 1000g, 설탕 1350g으로 만들어 사용한다.

C 무슬린 크림

1 냄비에 우유, 설탕 1/2, 바닐라 빈의 씨와 깍지를 넣고 끓인다.
2 볼에 노른자, 남은 설탕, 옥수수 전분을 넣고 거품기로 섞는다.
3 ①을 붓고 섞은 다음 체에 걸러 다시 냄비에 옮기고 거품기로 저어가며 가열해 파티시에 크림을 만든다.
4 큐브 모양으로 자른 버터A를 넣고 핸드블렌더로 섞은 뒤 급속 냉동고에서 4℃까지 식혀 냉장고에서 최소 2시간 동안 보관한다.
5 믹서볼에 ④를 넣고 비터로 푼 다음 포마드 상태의 버터B를 넣고 믹싱한다.

D 산딸기 쿨리 젤리피에

1 냄비에 산딸기 퓌레를 넣고 65℃까지 데운다.
2 설탕을 넣고 섞은 뒤 찬물에 불려 물기를 제거한 판젤라틴을 넣고 녹인다.
3 지름 16㎝ 원형 무스케이크 틀에 넣고 냉동고에서 굳힌다.

E 마지팬 장식

1 아몬드 페이스트에 초록색 식용 색소, 노란색 식용 색소를 넣고 반죽한다.
2 약 1㎜ 두께로 밀어 편 다음 무늬 판을 찍는다.
3 지름 18㎝ 원형으로 자른다.

마무리

딸기 적당량
초콜릿 장식물 적당량
파스티야주 장식물 적당량
식용 금박 적당량

마무리

1 지름 18㎝, 높이 5㎝ 원형 무스케이크 틀 안쪽에 무스 띠지를 두르고 B(키르슈 펀치)를 적신 A(제누아즈) 1장을 넣는다.
2 옆면에 슬라이스한 딸기를 둘러 붙인 다음 짤주머니에 넣은 C(무슬린 크림)를 딸기 사이사이에 짜 스패튤러로 슈미제한다.
   - 슈미제(chemiser): 틀의 바닥, 안쪽 옆면에 크림, 반죽, 시트, 버터, 밀가루 등을 바르거나 깔거나 붙이는 작업이다.
3 C(무슬린 크림)를 짜 넣고 틀에서 뺀 D(산딸기 쿨리 젤리피에)를 넣는다.
4 작게 자른 딸기를 넣고 다시 C(무슬린 크림)를 짠다.
5 B(키르슈 펀치)를 적신 A(제누아즈) 1장을 올리고 남은 C(무슬린 크림)를 스패튤러로 얇게 발라 냉장고에서 살짝 굳힌다.
6 윗면에 E(마지팬 장식)를 올린다.
7 틀에서 빼 딸기, 초콜릿 장식물, 파스티야주 장식물, 식용 금박 등으로 장식한다.

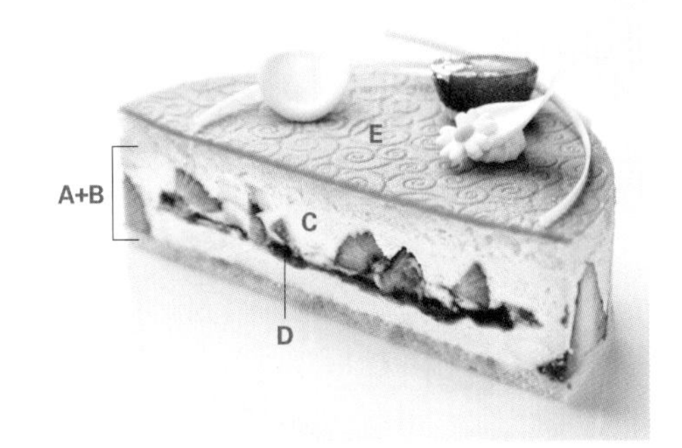

A 제누아즈
B 키르슈 펀치
C 무슬린 크림
D 산딸기 쿨리 젤리피에
E 마지팬 장식

Mille-feuille TATIN 밀푀유 타탱

16×16×2㎝ 정사각형 1개 분량
8×8×2㎝ 정사각형 1개 분량

A 푀이타주 앵베르세

강력분A 300g, 버터A 800g
강력분B 380g,
T55(프랑스 밀가루) 320g, 소금 30g
찬물 300g, 버터B 200g, 식초 5g
흰자 적당량, 미분당 적당량

B 캐러멜 무슬린 크림

우유 1000g, 바닐라 빈 1개
설탕 100g, 노른자 250g
옥수수 전분 100g
캐러멜 메종 400g, 버터A 250g
버터B 250g

A 푀이타주 앵베르세

1 볼에 강력분A와 버터A를 넣고 섞은 다음 비닐에 올려놓고 30㎝ 크기의 정사각형으로 밀어 펴 냉장고에서 2시간 동안 휴지시킨다.(겉 반죽)
2 다른 볼에 강력분B, T55(프랑스 밀가루), 소금, 찬물, 녹인 버터B를 넣고 섞은 다음 비닐에 올려놓고 30㎝ 정사각형으로 밀어 펴 냉장고에서 2시간 동안 휴지시킨다.(속 반죽)
3 ①에 ②를 붙여 4절 접기 2회 하고 냉장고에서 2시간 동안 휴지시킨다.
4 4절 접기 1회, 3절 접기 1회 하고 냉장고에서 2시간 동안 휴지시킨다.
5 1.5㎜ 두께로 밀어 편 다음 1.5×16㎝ 크기의 막대 모양으로 36개, 1.5×8㎝ 크기의 막대 모양으로 12개 자른다.
6 1.5×16㎝ 크기의 ⑤ 12장 사이사이에 흰자를 발라 겹치고 같은 방법으로 총 3개를 만든다.
7 1.5×8㎝ 크기의 ⑤ 6장 사이사이에 흰자를 발라 겹치고 같은 방법으로 총 2개를 만든다.
8 ⑥을 결이 윗면을 향하도록 눕혀서 16×16×2㎝ 크기의 정사각형 무스케이크 틀에 각각 팬닝한다.
9 ⑦을 결이 윗면을 향하도록 눕혀서 8×8×2㎝ 크기의 정사각형 무스케이크 틀에 각각 팬닝한다.
10 180℃ 컨벡션 오븐에서 15분 동안 굽는다.
11 미분당을 뿌리고 230℃ 컨벡션 오븐에서 5분 동안 굽는다.

B 캐러멜 무슬린 크림

1 냄비에 우유, 바닐라 빈의 씨, 설탕 1/2을 넣고 끓인다.
2 볼에 노른자, 남은 설탕을 넣고 거품기로 섞은 뒤 옥수수 전분을 넣고 섞는다.
3 ①을 붓고 거품기로 섞는다.
4 체에 걸러 다시 냄비에 옮기고 크림 상태가 될 때까지 저어가며 가열해 파티시에 크림을 만든다.
5 믹서볼에 뜨거운 상태의 ④, 캐러멜 메종, 큐브 모양으로 자른 버터A를 넣고 비터로 믹싱한다.
* 캐러멜 메종은 냄비에 설탕 800g을 넣어 캐러멜화하고 데운 생크림 360g을 넣고 섞은 다음 버터 180g을 넣고 섞어 사용한다.
6 급속 냉동고에서 4℃까지 식혀 냉장고에서 최소 2시간 동안 보관한다.
7 믹서볼에 옮겨 비터로 푼 다음 포마드 상태의 버터B를 넣고 믹싱한다.

C 사과 조림

버터 100g, 사과 2500g
설탕 150g, 계피 10g
칼바도스 30g, 판젤라틴 6g

마무리

식용 금펄 적당량
식용 금박 적당량
종이 끈 적당량

C 사과 조림

1 냄비에 버터를 넣고 녹인 다음 1㎝ 크기의 큐브 모양으로 자른 사과, 설탕, 계피를 넣고 졸인다.
2 계피를 건져내고 칼바도스를 넣어 플랑베한 다음 찬물에 불려 물기를 제거한 판젤라틴을 넣고 녹인다.
- 플랑베(flamber): 술에 불을 붙여 알코올을 날리는 작업.
3 8㎝, 16㎝ 크기의 정사각형 무스케이크 틀에 각각 1.5㎝ 두께로 펼쳐 넣고 냉동고에서 굳힌다.

마무리

1 틀에서 뺀 16㎝ 크기의 정사각형 A(푀이타주 앵베르세) 1장에 틀에서 뺀 16㎝ 크기의 정사각형 C(사과 조림)와 16㎝ 정사각형 크기의 A(푀이타주 앵베르세) 1장을 차례대로 올린다.
2 짤주머니에 B(캐러멜 무슬린 크림)를 넣고 ①의 윗면에 짠다.
3 틀에서 뺀 16㎝ 크기의 정사각형 A(푀이타주 앵베르세) 1장을 올리고 식용 금펄과 식용 금박으로 장식한다.
4 틀에서 뺀 8㎝ 크기의 정사각형 A(푀이타주 앵베르세) 1장에 틀에서 뺀 8㎝ 크기의 정사각형 C(사과 조림)를 올린다.
5 남은 B(캐러멜 무슬린 크림)를 ④의 윗면에 짠다.
6 틀에서 뺀 8㎝ 크기의 정사각형 A(푀이타주 앵베르세) 1장을 올리고 식용 금펄, 식용 금박, 종이 끈으로 장식한다.

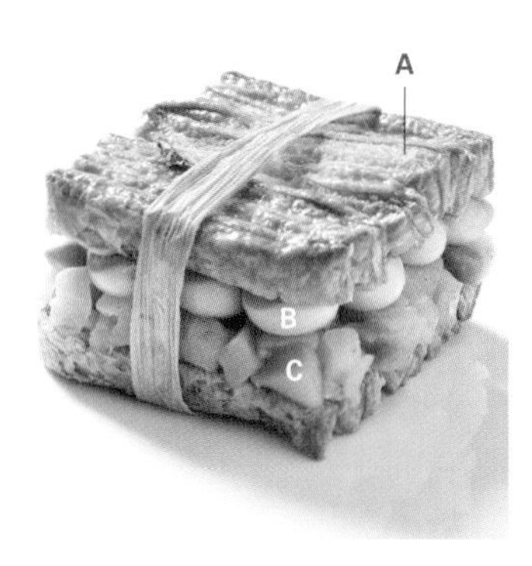

A 푀이타주 앵베르세
B 캐러멜 무슬린 크림
C 사과 조림

O MOLLET

오 몰레

지름 7cm 반구형 플렉시팬 12개 분량

A 아몬드 비스퀴

흰자 100g, 설탕A 60g
아몬드파우더 58g
설탕B 160g, 박력분 16g
아몬드 슬라이스 40g

/

B 프렌치 머랭

흰자 100, 설탕 200g

/

C 파인애플 바질 콩피

버터 4g, 파인애플 75g
설탕A 11g, 레몬 제스트 1개 분량
바질 잎 3장, 파인애플 퓌레 225g
판젤라틴 6g, 설탕B 15g

D 패션프루츠 무슬린 크림

패션프루츠 퓌레 168g
레몬 주스 24g, 설탕 224g
달걀 240g, 버터A 240g
버터B 240g

A 아몬드 비스퀴

1 믹서볼에 흰자, 설탕A를 넣고 휘핑해 단단한 머랭을 만든다.
2 함께 체 친 아몬드파우더, 설탕B, 박력분을 넣고 부드럽게 섞는다.
3 지름 1㎝ 원형 모양깍지를 낀 짤주머니에 반죽을 넣고 실리콘 페이퍼를 깐 철판에 지름 6㎝ 원형으로 짠다.
4 아몬드 슬라이스를 뿌리고 160℃ 컨벡션 오븐에서 10분 동안 굽는다.

B 프렌치 머랭

1 믹서볼에 흰자를 넣고 휘핑하다가 설탕 1/2을 조금씩 나누어 넣으면서 휘핑해 단단한 머랭을 만든다.
2 볼에 옮겨 남은 설탕을 넣고 고무 주걱으로 섞은 뒤 지름 0.7㎝ 원형 모양깍지를 낀 짤주머니에 넣는다.
3 지름 7㎝ 반구형 플렉시팬에 짜 넣고 가장자리를 스패튤러 또는 스푼으로 슈미제한 다음 윗면을 평평하게 정리한다.
4 70℃ 컨벡션 오븐에서 2시간 동안 굽는다.
* 색이 거의 나지 않도록 굽기 위해 낮은 온도에서 구워야 하는데, 머랭의 내부까지 바삭하게 건조시키기 위해서는 열풍으로 제품을 굽는 컨벡션 오븐이 더 효과적이다.

5 플렉시팬에서 빼 철팬에 올린 다음 오븐의 온도를 90℃로 높여 10분 동안 더 굽는다.

C 파인애플 바질 콩피

1 프라이팬에 버터를 넣고 녹인 다음 0.5㎝ 크기의 큐브 모양으로 자른 파인애플, 설탕A를 넣고 졸인다.
2 볼에 옮겨 레몬 제스트, 잘게 썬 바질 잎을 넣고 버무린 다음 냉장고에서 2시간 동안 식힌다.
3 냄비에 파인애플 퓌레를 넣고 40℃까지 데운 뒤 찬물에 불려 물기를 제거한 판젤라틴, 설탕B를 넣고 섞는다.
4 ②를 넣고 섞은 다음 지름 3㎝ 반구형 실리콘 몰드에 넣고 냉동고에서 굳힌다.

D 패션프루츠 무슬린 크림

1 냄비에 패션프루츠 퓌레, 레몬 주스, 설탕 1/2을 넣고 끓인다.
2 볼에 달걀, 남은 설탕을 넣고 거품기로 섞는다.
3 ①을 붓고 섞은 뒤 체에 걸러 다시 냄비에 옮기고 실리콘 주걱으로 저어가며 85℃까지 가열한다.
4 불에서 내려 60℃까지 식힌 다음 큐브 모양으로 자른 버터A를 넣고 섞는다.
5 핸드블렌더로 2분 동안 유화시켜 냉장고에서 12시간 동안 숙성시킨다.
6 25℃로 온도를 맞춰 포마드 상태의 버터B를 넣고 휘핑한다.

E 노란색 미루아르 글라사주

물 56g, 설탕 112g, 물엿 112g
연유 75g, 판젤라틴 7.5g
화이트초콜릿(35%) 112g
노란색 식용 색소 적당량

마무리

초콜릿 디스크 적당량
비스킷 링 적당량
식용 금박 적당량

E 노란색 미루아르 글라사주

1 냄비에 물, 설탕, 물엿을 넣고 103℃까지 끓인다.
2 불에서 내려 연유, 찬물에 불려 물기를 제거한 판젤라틴을 넣고 섞는다.
3 화이트초콜릿에 부어 유화시키고 노란색 식용 색소를 넣고 핸드블렌더로 섞는다.
4 체에 거른다.

마무리

1 지름 7㎝ 반구형 플렉시팬에 B(프렌치 머랭)를 넣고 짤주머니에 넣은 D(패션프루츠 무슬린 크림)를 1/2 높이까지 짠다.
2 가운데에 몰드에서 뺀 C(파인애플 바질 콩피)를 넣고 D(패션프루츠 무슬린 크림)를 짜 넣는다.
3 남은 D(패션프루츠 무슬린 크림)를 지름 2㎝ 반구형 실리콘 몰드에 짜 넣고 냉동고에서 굳힌다.
4 ②에 A(아몬드 비스퀴)를 넣고 윗면을 평평하게 정리해 냉동고에서 굳힌다.
5 플렉시팬에서 빼 초콜릿 디스크를 올린다.
6 몰드에서 뺀 ③의 겉면에 32℃로 온도를 맞춘 E(노란색 미루아르 글라사주)를 입힌 뒤 ⑤의 윗면에 올린다.
7 비스킷 링에 올려 식용 금박으로 장식한다.
- 비스킷 링은 사블레 반죽을 지름 5㎝ 크기 도넛 모양으로 구워 사용한다.

A 아몬드 비스퀴
B 프렌치 머랭
C 파인애플 바질 콩피
D 패션프루츠 무슬린 크림
E 노란색 미루아르 글라사주

CRÈME FRANGIPANE

크렘 프랑지판

17세기 이탈리아의 유명 식도락가 프랑지 파네(Frangi Pane)가 발명한 크렘 프랑지판(Crème Frangipane)을 살펴본다. 크렘 다망드와 크렘 파티시에르를 2:1의 비율로 섞어 만드는 이 크림은 굽는 크림의 일종으로 주로 타르트, 갈레트, 가토 바스크 등의 과자에 충전물로 활용된다. 수분량이 많아 촉촉하고 부드러운 텍스처를 지닌다.

MAKE 크렘 프랑지판 만들기

준비하기

- 스테인리스 재질의 냄비, 볼, 믹서볼, 체, 거품기, 고무 주걱을 준비한다.
- 바닐라 빈은 반으로 갈라 씨와 깍지를 분리한다.
- 옥수수 전분, 미분당과 아몬드파우더는 체 친다.
- 버터와 달걀은 상온에 두어 온도를 23~25℃로 맞춘다.

포인트

- 설탕을 우유와 노른자에 나눠 넣으면 단백질의 열변성을 늦춰 가열하는 과정에서 우유와 노른자가 덩어리지는 것을 방지할 수 있다.
- 노른자가 응고되는 것을 방지하기 위해 우유는 살짝 김이 올라올 때까지만 끓인다.
- 크렘 파티시에르를 가열할 때 크림이 끓기 시작하면 30초~1분 동안 더 가열한 뒤 불에서 내린다.
- 크렘 다망드는 본래 버터, 분당, 아몬드파우더, 달걀을 동량의 비율로 넣고 섞어 만드는데, 럼을 추가하고 싶다면 추가하는 럼의 양만큼 달걀의 양을 빼 레시피를 조절하자.
- 실내의 습도가 높은 여름철에는 미분당을 반드시 체 쳐 사용한다.
- 달걀을 넣어 섞는 과정에서 분리 현상이 일어난 경우 남은 가루류를 넣어 섞거나 토치로 살짝 믹서볼을 데워 크림의 온도를 상온으로 맞추면 복구할 수 있다.
- 크렘 다망드를 만들 때 믹서볼의 가장자리에 튄 크림을 정리해가며 저 · 중속에서 믹싱한다.
- 최근에는 크렘 다망드의 구조력을 개선하기 위해 소량의 박력분이나 전분을 첨가하기도 한다.
- 크렘 다망드와 크렘 파티시에르를 섞을 때는 두 크림의 온도를 각각 25℃로 맞춘 뒤 섞어야 매끄럽게 섞인다.

보관법

- 완성된 크렘 프랑지판(프랑지판 크림)은 표면에 랩을 밀착시켜 감싼 다음 냉장고 또는 냉동고에서 보관하면 된다.
- 냉장고에서 보관할 경우 2일 안에 소진하길 추천한다.
- 냉동고에서는 한 달까지 보관 가능하며 사용하기 전에 냉장고에서 해동시킨다.

1 2
4 5

CRÈME FRANGIPANE 크렘 프랑지판

재료

우유 250g	버터 100g
바닐라 빈 1/4개	미분당 100g
설탕 62.5g	아몬드파우더 100g
노른자 60g	달걀 85g
옥수수 전분 20g	럼 15g

만드는 방법

1 우유, 바닐라 빈, 설탕, 노른자, 옥수수 전분으로 크렘 파티시에르를 만든다.(29p 참고)
2 믹서볼에 포마드 상태의 버터, 함께 체 친 미분당과 아몬드파우더를 넣어 비터로 믹싱한 뒤 달걀을 3~4회에 걸쳐 나누어 넣고 믹싱한다.
3 럼을 넣고 믹싱해 크렘 다망드를 만든다.
4 볼에 25℃까지 식힌 ①과 ③을 1:2의 비율로 넣고 섞는다.
5 완성된 크렘 프랑지판.(최종 온도: 25℃)

ABOUT 크렘 프랑지판

크렘 다망드와 크렘 프랑지판의 차이는 무엇인가요?

크렘 프랑지판은 크렘 다망드와 크렘 파티시에르를 2:1의 비율로 섞어 만듭니다. 따라서 크렘 다망드보다 더 부드럽고 촉촉하며 꾸덕한 질감을 가집니다.

스탠드 믹서에서 크렘 다망드를 믹싱할 때 비터를 사용해야 하나요? 거품기를 사용해야 하나요?

비터를 사용하는 것이 좋습니다. 비터 대신 거품기를 사용하면 크림 속에 공기가 더 많이 포집돼 볼륨이 풍성하고 포슬포슬한 식감의 크렘 프랑지판을 얻을 수 있어요 하지만, 오븐에서 구웠을 때 크림 속의 기포들이 크게 부풀다가 주저앉으면서 과자 반죽과 사이가 벌어지거나 표면이 예쁘지 않게 터져버려요.

크렘 파티시에르와 크렘 다망드를 섞을 때 주의할 점이 있나요?

두 가지 크림의 온도를 25℃로 맞춘 다음 섞어야 합니다. 예를 들어 방금 만든 뜨거운 상태의 크렘 파티시에르에 크렘 다망드를 넣고 섞는다면 크렘 다망드 속의 버터가 전부 녹아버려 크림이 묽어지게 됩니다. 반대로 차갑게 냉각시킨 크렘 파티시에르와 부드러운 상온 상태의 크렘 다망드를 섞는다면 버터가 굳어버려 크림에 분리 현상이 일어날 것이에요. 이와 같은 이유로 두 가지 크림의 온도를 맞추는 작업은 매우 중요하답니다.

대량으로 미리 만들어 보관해 사용해도 되나요?

크렘 프랑지판은 냉장고에서 2일 동안 보관할 수 있어요. 버터가 들어간 크림이기 때문에 냉동고에서는 한 달까지 보관할 수 있습니다. 냉동고에서 보관한 크렘 프랑지판은 사용하기 하루 전 냉장고로 옮겨 해동시킨 다음 부드럽게 풀어 사용하면 됩니다.

크렘 프랑지판은 어떤 제품에 활용하면 좋을까요?

크렘 프랑지판은 오븐에서 굽는 크림이므로 타르트에 충전하는 크림으로 주로 사용됩니다. 이밖에도 갈레트, 가토 바스크, 피티비에, 브리오슈 등 전통 과자의 필링 크림으로 활용합니다.

Crème
d'Amande
Crème
Pâtissière
Crème
Frangipane

TARTE
aux Poires 서양배 타르트

지름 18㎝, 높이 2㎝ 타공 세르클 3개 분량

A 아몬드 사블레

버터 300g, 소금 5g
미분당 187.5g, 아몬드파우더 62.5g
바닐라파우더 5g, 박력분 500g
달걀 100g

B 파티시에 크림

우유 125g, 바닐라 빈 1/4개
설탕 32g, 노른자 30g
옥수수 전분 10g

C 아몬드 크림

버터 100g, 미분당 100g
아몬드파우더 100g
달걀 85g, 럼 15g

D 프랑지판 크림

B(파티시에 크림) 160g
C(아몬드 크림) 320g

A 아몬드 사블레

1 믹서볼에 포마드 상태의 버터, 소금을 넣고 저속에서 비터로 믹싱한다.
2 함께 체 친 미분당, 아몬드파우더, 바닐라파우더를 넣고 믹싱한다.
3 체 친 박력분 1/2을 넣고 믹싱한다.
4 달걀을 조금씩 나누어 넣으면서 믹싱한다.
5 남은 박력분을 넣고 한 덩어리가 될 때까지 믹싱한다.
6 냉장고에서 3시간 이상 휴지시킨 다음 2.5㎜ 두께로 밀어 편다.

- 이형지 2장 사이에 반죽을 놓고 2.7㎜ 두께로 밀어 펴 냉장고에서 보관하면 휴지 시간을 단축시킬 수 있으며 덧가루를 사용해 밀어 펴는 과정이 생략돼 반죽을 좋은 상태로 유지할 수 있다.

B 파티시에 크림

1 냄비에 우유, 바닐라 빈의 씨와 깍지, 설탕 1/2을 넣고 살짝 끓인다.
2 볼에 노른자, 남은 설탕, 체 친 옥수수 전분을 넣고 섞는다.
3 ①을 붓고 섞은 다음 체에 걸러 다시 냄비에 옮기고 크림 상태가 될 때까지 저어가며 가열한다.
4 불에서 내려 식힌다.

- 바로 사용하지 않을 경우 급속 냉동고에서 4℃까지 식힌 다음 냉장고에서 보관한다.

C 아몬드 크림

1 믹서볼에 포마드 상태의 버터, 체 친 미분당을 넣고 비터로 믹싱한다.
2 아몬드파우더를 넣고 믹싱한 다음 상온의 달걀을 3~4회에 걸쳐 나누어 넣으면서 믹싱한다.
3 럼을 넣고 섞는다.

D 프랑지판 크림

1 볼에 상온 상태의 B(파티시에 크림)를 넣고 부드럽게 푼다.
2 C(아몬드 크림)를 넣고 거품기로 섞는다.

E 전처리한 서양배

서양배 통조림 2통, 바닐라 빈 1개
오렌지 제스트 1/2개 분량
코리엔더 씨드 2g
30°보메 시럽 100g

마무리

아몬드 슬라이스 적당량

E 전처리한 서양배

1 서양배 통조림을 체에 걸러 과육과 시럽을 분리한 다음 과육은 1000g, 시럽은 600g을 계량한다.
2 냄비에 ①의 시럽, 바닐라 빈의 씨와 깍지, 오렌지 제스트, 코리엔더 씨드, 30°보메 시럽을 넣고 끓인다.
3 볼에 ①의 과육을 넣고 ②를 부은 뒤 표면에 랩을 밀착시키고 감싸 냉장고에서 12시간 동안 보관한다.

마무리

1 지름 18㎝, 높이 2㎝ 타공 세르클에 지름 23㎝ 원형으로 자른 A(아몬드 사블레)를 넣고 퐁사주한다.
2 160℃ 컨벡션 오븐에서 10~12분 동안 굽고 세르클을 제거해 식힌다.
3 셸 안에 D(프랑지판 크림)를 160g 넣고 윗면을 평평하게 정리한 뒤 E(전처리한 서양배)의 과육을 잘라 모양내 올린다.
4 아몬드 슬라이스를 뿌리고 160℃ 컨벡션 오븐에서 25~ 30분 동안 굽는다.

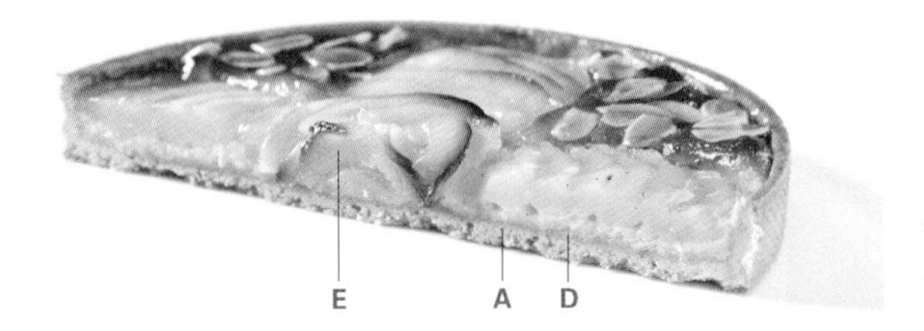

A 아몬드 사블레
D 프랑지판 크림
E 전처리한 서양배

Tartelette 몽블랑 타르틀레트
MONT-BLANC

지름 8cm 세르클 15개 분량

A 아몬드 사블레
버터 200g, 소금 3g
미분당 100g, 아몬드파우더 100g
달걀 85g, 박력분 400g

B 프렌치 머랭
흰자 70g, 설탕 70g
미분당 70g

C 프랑지판 크림
파티시에 크림 100g
아몬드 크림 200g

/

D 블루베리 카시스 콩포트
블루베리(냉동) 100g
카시스(냉동) 50g
블루베리 퓌레 70g, 설탕 65g
펙틴 NH 5g

E 바닐라 샹티이 크림
생크림 450g, 트리몰린 30g
바닐라 빈 1개, 판젤라틴 4g
마스카르포네 50g

A 아몬드 사블레

1 믹서볼에 포마드 상태의 버터, 소금, 미분당을 넣고 저속에서 비터로 믹싱한다.
2 아몬드파우더를 넣고 믹싱한 다음 달걀을 조금씩 나누어 넣으면서 믹싱한다.
3 체 친 박력분을 넣고 믹싱해 한 덩어리로 만든다.
4 이형지 2장 사이에 반죽을 놓고 2㎜ 두께로 밀어 펴 냉장고에서 최소 1시간 동안 휴지시킨다.

B 프렌치 머랭

1 믹서볼에 흰자를 넣고 휘핑하다가 설탕을 조금씩 나눠 넣으면서 휘핑해 단단한 머랭을 만든다.
2 체 친 미분당을 넣고 부드럽게 섞는다.
3 지름 0.7㎝ 원형 모양깍지를 낀 짤주머니에 넣고 실리콘 페이퍼를 깐 철팬에 지름 6㎝ 달팽이 모양으로 짠다.
4 90℃ 컨벡션 오븐에서 1시간 동안 굽는다.

C 프랑지판 크림

1 파티시에 크림, 아몬드 크림을 각각 거품기로 부드럽게 풀고 23~25℃로 온도를 맞춘다.
   * 파티시에 크림, 아몬드 크림은 168p 서양배 타르트의 B(파티시에 크림), C(아몬드 크림)를 참고해 만든다.
2 볼에 파티시에 크림, 아몬드 크림을 넣고 거품기로 섞는다.

D 블루베리 카시스 콩포트

1 냄비에 블루베리, 카시스, 블루베리 퓌레를 넣고 40℃까지 데운다.
2 함께 섞은 설탕, 펙틴 NH를 넣고 거품기로 저어가며 끓인다.
3 끓기 시작하면 약불에서 1분 동안 더 끓인다.
4 볼에 옮겨 표면에 랩을 밀착시켜 감싼 뒤 급속 냉동고에서 식히고 냉장고로 옮겨 보관한다.

E 바닐라 샹티이 크림

1 냄비에 생크림 1/2, 트리몰린, 바닐라 빈의 씨를 넣고 끓인 다음 찬물에 불려 물기를 제거한 판젤라틴을 넣고 녹인다.
2 볼에 옮겨 차가운 상태의 남은 생크림, 마스카르포네를 넣고 섞는다.
3 냉장고에서 12시간 동안 숙성시킨다.

F 밤 크림

밤 크림 165g
밤 페이스트 575g, 버터 115g
바닐라 농축액 8g, 럼 32g

마무리

마롱 글라세 적당량
식용 금박 적당량

F 밤 크림

1 밤 크림과 밤 페이스트를 각각 부드럽게 풀어 섞는다.
2 믹서볼에 ①, 포마드 상태의 버터를 넣고 비터로 믹싱한다.
3 바닐라 농축액, 럼을 넣고 믹싱한 다음 체에 내린다.

마무리

1 지름 8㎝ 세르클에 세르클 크기에 맞게 자른 A(아몬드 사블레)를 퐁사주하고 160℃ 컨벡션 오븐에서 10분 동안 굽는다.
2 짤주머니에 넣은 C(프랑지판 크림)를 20g씩 짜고 마롱 글라세를 올려 160℃ 컨벡션 오븐에서 10분 동안 굽는다.
3 D(블루베리 카시스 콩포트)를 10g씩 넣고 스패튤러로 윗면을 평평하게 정리한 다음 B(프렌치 머랭)를 올려 붙인다.
4 휘핑해 짤주머니에 넣은 E(바닐라 샹티이 크림)를 35~40g씩 짜고 스패튤러를 사용해 산 모양으로 만든다.
5 몽블랑 모양깍지를 낀 짤주머니에 F(밤 크림)를 넣고 윗부분 가운데에서부터 아래로 둘러가며 짠다.
6 남은 마롱 글라세, 식용 금박으로 장식한다.

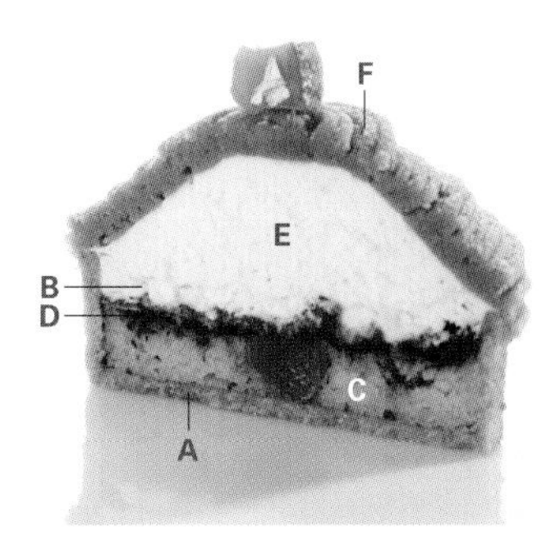

A 아몬드 사블레
B 프랜치 머랭
C 프랑지판 크림
D 블루베리 카시스 콩포트
E 바닐라 샹티이 크림
F 밤 크림

Gâteau BASQUE 가토 바스크

지름 20cm, 높이 3.5cm 세르클 3개 분량

A 가토 바스크 반죽

버터 400g, 황설탕 450g
소금 8g, 달걀 85g
노른자 50g, 박력분 625g
쌀가루 20g, 베이킹파우더 8g

B 프랑지판 크림

파티시에 크림 450g
아몬드파우더 220g
설탕 220g, 달걀 140g
소금 3g, 옥수수 전분 6g
버터 220g, 럼 45g

/

마무리

버터 적당량, 황설탕 적당량
달걀물 적당량

A 가토 바스크 반죽

1 믹서볼에 포마드 상태의 버터, 황설탕, 소금을 넣고 비터로 믹싱한다.
2 함께 섞은 달걀과 노른자를 조금씩 나누어 넣으면서 믹싱한다.
3 함께 체 친 박력분, 쌀가루, 베이킹파우더를 넣고 믹싱해 한 덩어리로 만든다.
4 냉장고에서 하루 동안 휴지시킨다.
5 4㎜ 두께로 밀어 펴 냉장고에서 보관한다.

B 프랑지판 크림

1 볼에 뜨거운 상태의 파티시에 크림, 아몬드파우더, 설탕을 넣고 거품기로 재빨리 섞는다.
2 달걀을 넣고 거품기로 섞는다.
　• 휘핑을 많이 하지 않도록 주의한다.
3 소금, 체 친 옥수수 전분을 넣고 섞은 다음 녹인 버터를 넣고 섞는다.
4 럼을 넣고 섞는다.

마무리

1 지름 20cm, 높이 3.5cm 세르클 안쪽에 포마드 상태의 버터를 바르고 황설탕을 얇게 뿌린다.
2 지름 23㎝ 원형으로 자른 A(가토 바스크 반죽)를 퐁사주한다.
3 B(프랑지판 크림)를 400g씩 넣고 윗면에 지름 20㎝ 원형으로 자른 A(가토 바스크 반죽)를 덮어 밀대로 살짝 민다.
4 달걀물을 붓으로 바르고 포크로 무늬를 그린다.
　• 달걀물은 노른자 50g, 생크림 12g으로 만들어 사용한다.
5 남은 A(가토 바스크 반죽)로 장식물을 만들어 윗면에 붙이고 160℃ 컨벡션 오븐에서 50분 동안 굽는다.

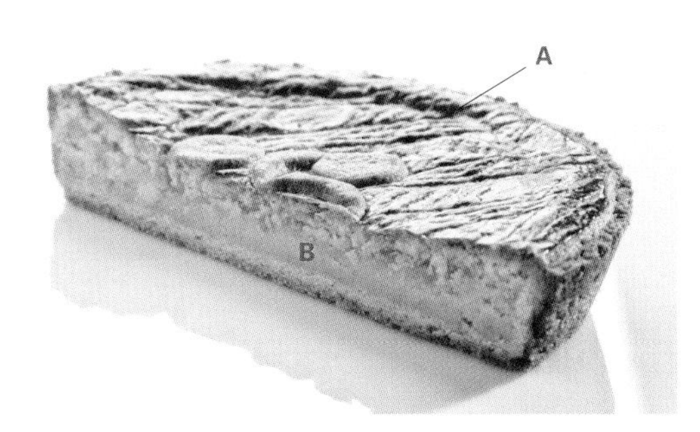

A 가토 바스크 반죽
B 프랑지판 크림

CRÈME CRÉMEUX

크렘 크레뫼

프랑스어 '크레뫼(Crémeux)'는 '크림이 많이 함유된', '크림 모양의'라는 형용사적 의미를 가지고 있다. 제과에서 크렘 크레뫼(Crème Crémeux)는 크렘 앙글레즈에 버터, 또는 초콜릿을 더해 만든 크림을 뜻하며 베이스인 크렘 앙글레즈를 만들 때 우유 대신 생크림, 과일 퓌레를 사용하기도 한다. 크렘 오 뵈르, 크렘 가나슈보다 묽으면서 부드럽고, 크렘 무스나 크렘 바바루아보다는 무거운 질감. 살살 녹는 식감이 매력적으로 최근에는 앙트르메 전반의 텍스처를 다채롭게 만들기 위해 인서트용 크림으로 활용된다.

MAKE 크렘 크레뫼 만들기

준비하기

- 스테인리스 재질의 냄비, 볼, 거품기, 체, 실리콘 주걱, 핸드블렌더를 준비한다.
- 블록형 초콜릿을 사용할 경우 미리 잘게 다진다.

포인트

- 냄비는 3중 냄비를 사용한다. 좁은 공간에 크림의 양이 많으면 열이 고르게 전달되지 않으므로 크림 양의 2배 이상 되는 용량의 냄비를 선택한다.
- 노른자가 급격하게 열변성을 일으키지 않도록 중약불에서 실리콘 주걱으로 저어가며 가열한다.
- 완성된 크렘 앙글레즈의 텍스처에 따라 최종 크렘 크레뫼(크레뫼 크림)의 질감이 결정된다. 크렘 앙글레즈를 되직하게 끓이면 쫀쫀한 텍스처의 크렘 크레뫼가 되고 크렘 앙글레즈를 묽게 끓이면 부드럽게 흘러내리는 크렘 크레뫼를 얻을 수 있다.
- 크렘 앙글레즈와 초콜릿의 매끄러운 유화를 위해 초콜릿은 미리 다지거나 녹인다.
- 유화시킬 때는 거품기 또는 실리콘 주걱보다 핸드블렌더를 이용하는 것이 좋다.
- 버터를 추가하면 다소 묵직하고 크렘 가나슈에 가까운 크림이 만들어진다. 이때 버터는 크렘 크레뫼가 40℃일 때 넣어 섞는다.
- 화이트초콜릿은 카카오버터의 함량이 낮으므로 이를 사용해 크렘 크레뫼를 만들 경우에는 카카오버터 혹은 젤라틴을 추가해 크림이 안정적으로 굳을 수 있도록 한다.

보관법

- 만든 다음 바로 냉장고에서 숙성시킨다. 이렇게 완성한 크렘 크레뫼는 표면에 랩을 밀착시키고 감싸 냉장고에서 2일까지 보관할 수 있다.

1
2 3 4

CRÈME CRÉMEUX 크렘 크레뫼

재료

생크림 200g	노른자 70g
우유 200g	밀크초콜릿(33%) 60g
설탕 70g	다크초콜릿(64%) 110g

만드는 방법

1 냄비에 생크림, 우유, 설탕 1/2을 넣고 끓인다.
2 볼에 노른자, 남은 설탕을 넣고 거품기로 섞는다.
3 ①을 붓고 섞은 다음 체에 걸러 다시 냄비에 옮기고 85℃까지 저어가며 가열해 크렘 앙글레즈를 만든다.
4 잘게 다진 밀크초콜릿과 다크초콜릿에 ③을 붓고 핸드블렌더로 유화시킨다.(최종 온도: 40℃)

ABOUT 크렘 크레뫼

크렘 크레뫼 레시피로 크렘 앙글레즈를 만들 때 왠지 덩어리가 더 잘 생기는 것 같아요.

대다수의 크렘 크레뫼 레시피를 살펴보면 초콜릿의 당도 때문에 크렘 앙글레즈 배합에 있는 설탕의 양을 줄이거나 아예 생략해 버리는 경우가 많아요. 크렘 앙글레즈를 만들 때 설탕은 노른자 속 단백질이 쉽게 익는 것을 방지하는 중요한 역할을 하는데, 설탕의 양이 적거나 아예 없게 돼 덩어리가 생기기 쉬운 조건이 된 것이지요. 따라서 일반적인 크렘 앙글레즈를 만들 때보다 더욱 부지런히 실리콘 주걱으로 저어가며 크림을 끓여야 합니다.

크림을 끓일 때 거품기를 사용해야 하나요? 실리콘 주걱을 사용해야 하나요?

두 도구 모두 사용할 수 있어요. 하지만 크림의 특징과 기술자의 숙련도에 맞는 도구를 사용한다면 더 좋겠지요. 크렘 파티시에르처럼 전분이 들어가는 크림은 전분을 호화시켜야 하므로 오래 끓여야 해요. 그 과정에서 자칫 크림이 냄비 바닥에 눌어붙을 수 있기 때문에 거품기로 고루 저어가며 가열해 크림 속에 기포를 충분히 만들어 줘야 해요. 이렇게 하면 크림 속 기포가 노른자의 단백질이 익는 것을 지연시키는 효과를 낸답니다. 크렘 앙글레즈와 같은 크림은 거품기를 사용하면 거품이 생겨나 크림의 상태를 제대로 파악하기 어려워요. 따라서 이때에는 실리콘 주걱을 사용해 납(Nappe) 상태를 확인하며 크림을 끓이는 것이 바람직하지요. 이밖에도 끓이는 크림의 양이 많은 경우에는 실리콘 주걱보다 거품기가 더 적합하니 참고하세요.

크렘 앙글레즈와 초콜릿을 유화시킬 때 왜 반드시 핸드블렌더를 사용해야 하나요?

앞에서 말한 것처럼 크렘 크레뫼의 레시피로 크렘 앙글레즈를 끓이다 보면 덩어리가 생기는 경우가 흔하게 발생해요. 이렇게 만들어진 크렘 앙글레즈를 거품기 또는 실리콘 주걱으로 초콜릿과 섞으면 그 덩어리가 그대로 남아있어 한눈에 보기에도 매끄럽지 않은 크렘 크레뫼가 완성됩니다. 가능하면 핸드블렌더를 사용해 크림 속 작은 알갱이들을 갈아 부드러운 크림을 만드는 것이 좋겠지요. 뿐만 아니라 크렘 크레뫼는 수분이 많은 크렘 앙글레즈와 지방이 주를 이루는 초콜릿의 혼합물이므로 이를 잘 유화시키기 위해서는 핸드블렌더로 섞는 것이 효과적입니다. 그러나 유화 과정에서 기포가 과도하게 유입되지 않도록 주의를 기울여야 해요. 이때 비커 등의 좁고 깊은 용기를 사용해 크렘 앙글레즈에 초콜릿이 충분히 잠기도록 하면 작업이 한결 수월해집니다.

Crème 03

크렘 앙글레즈와 초콜릿을 섞을 때 초콜릿을 녹여 넣는 것이 좋을까요?

크렘 앙글레즈의 온도는 보통 85℃이기 때문에 초콜릿을 완전히 녹여 준비할 필요는 없어요. 하지만 블록형 초콜릿같이 사이즈가 큰 초콜릿을 사용한다면 작업 전 미리 잘게 다져 크기를 작게 만들어 줘야 합니다. 초콜릿의 크기가 너무 크면 유화 과정에서 완전히 녹지 않아 덩어리지기 쉬워요.

초콜릿이 들어가지 않은 크림에도 크레뫼라는 명칭을 붙일 수 있나요?

초콜릿 대신 포마드 상태의 버터를 넣어 만든 크림에도 크레뫼라는 이름을 사용하고 있어요. 버터는 크레뫼를 잘 굳도록 도울 뿐만 아니라 고소한 풍미와 특유의 소프트한 식감도 나게 하는 재료예요. 이때 질감에 따라 젤라틴을 추가로 넣기도 합니다. 초콜릿을 넣어 만드는 크레뫼와 마찬가지로 텍스처가 매우 부드럽고 되직해 앙트르메의 인서트 크림, 타르트의 필링 크림 등으로 다양하게 쓰일 수 있어요.

크렘 크레뫼의 텍스처가 크렘 가나슈와 매우 비슷한 것 같아요. 봉봉 초콜릿의 필링 크림으로 사용할 수 있을까요?

크렘 크레뫼는 노른자를 재료로 하는 데다 기포도 많이 있는 크림이기 때문에 봉봉 초콜릿처럼 상온에서 보관하는 제품에 사용하면 변질될 가능성이 매우 높아요. 그러므로 냉장고에서 보관하는 제품에 활용하는 것이 좋습니다.

크렘 크레뫼에 젤라틴을 넣고 만들기도 하던데 어떤 경우에 첨가하는 것인가요?

굳는 강도나 식감을 위해 젤라틴을 넣기도 해요. 크렘 크레뫼를 만들 때 화이트초콜릿, 밀크초콜릿 등을 사용할 경우 이 초콜릿들은 굳히는 역할을 하는 카카오버터의 함량이 다크초콜릿보다 낮아 크렘 크레뫼의 최종 텍스처가 묽어질 수 있습니다. 이때 젤라틴을 넣거나 카카오버터를 소량 추가하면 크림을 더욱 단단하고 안정적으로 굳힐 수 있어요. 레시피에 따라 그 양은 조금씩 다른데 일반적으로 크림 전체 중량의 약 0.5~1%의 젤라틴을 첨가하면 됩니다.

Cho- 쇼-캐러멜 CARAMEL

지름 6㎝, 높이 4.5㎝
원통형 실리콘 몰드 10개 분량

A 초콜릿 제누아즈
달걀 360g, 설탕 180g
꿀 20g, 박력분 130g
코코아파우더 38g
옥수수 전분 42g
버터 50g, 우유 50g

B 땅콩 크럼블
정제 버터 160g, 카카오버터 30g
아몬드 크럼블 160g
파이테 푀이틴 40g, 땅콩 분태 25g

C 캐러멜 크레뫼 크림
물 40g, 설탕A 130g
생크림 340g, 바닐라 빈 1g
노른자 80g, 설탕B 30g
밀크초콜릿(40%) 160g

D 바닐라 휘핑 가나슈
생크림 700g, 바닐라 빈 2개
판젤라틴 8g
화이트초콜릿(35%) 160g

A 초콜릿 제누아즈

1 볼에 달걀, 설탕, 꿀을 넣고 중탕으로 45℃까지 거품기로 저어가며 데운 뒤 휘핑한다.
2 함께 체 친 박력분, 코코아파우더, 옥수수 전분을 넣고 거품기로 섞는다.
3 녹인 버터, 우유를 넣고 거품기로 섞는다.
4 지름 18㎝, 높이 5㎝ 원형 케이크 틀에 팬닝한다.
5 윗불 180℃, 아랫불 160℃ 데크 오븐에서 25~30분 동안 굽는다.
6 틀에서 빼 지름 5㎝, 높이 1㎝ 원형으로 자른다.

B 땅콩 크럼블

1 볼에 정제 버터, 카카오버터를 넣고 녹인다.
 • 정제 버터 만드는 방법: 전자레인지용 용기에 버터를 넣고 2분 동안 전자레인지에서 가열해 녹인 다음 냉장고에서 버터가 다시 굳을 때까지 보관한다. 이후 차가운 물에 버터를 씻고 키친타월로 깨끗이 닦아 냉장고에서 보관해 사용한다.
2 아몬드 크럼블, 파이테 푀이틴, 땅콩 분태를 넣고 섞는다.
 • 아몬드 크럼블은 버터 100g, 설탕 100g, 박력분 100g, 아몬드파우더 120g, 소금 1g으로 만들어 사용한다.

C 캐러멜 크레뫼 크림

1 냄비에 물, 설탕A를 넣고 가열해 캐러멜을 만든다.
2 뜨겁게 데운 생크림을 넣고 섞은 뒤 불에서 내려 바닐라 빈의 씨와 깍지를 넣고 10분 동안 향을 우린다.
3 볼에 노른자, 설탕B를 넣고 거품기로 섞는다.
4 ②를 체에 걸러 붓고 섞은 다음 다시 냄비에 옮겨 83~85℃까지 실리콘 주걱으로 저어가며 가열한다.
5 밀크초콜릿에 붓고 핸드블렌더로 유화시킨다.
6 표면에 랩을 밀착시키고 감싸 냉장고에서 보관한다.

D 바닐라 휘핑 가나슈

1 냄비에 생크림을 넣고 끓인 뒤 불에서 내려 바닐라 빈의 씨를 넣고 10분 동안 향을 우린다.
2 다시 불에 올려 살짝 끓인 다음 찬물에 불려 물기를 제거한 판젤라틴을 넣고 녹인다.
3 볼에 화이트초콜릿, ②를 넣어 핸드블렌더로 유화시키고 식힌다.
4 표면에 랩을 밀착시키고 감싸 냉장고에서 12시간 동안 숙성시킨다.

E 다크초콜릿 글라사주

생크림 65g, 우유 10g
시럽 60g, 물엿 15g
다크초콜릿(58%) 30g
코팅초콜릿 150g
미루아르 30g

마무리

땅콩 분태 적당량
땅콩 껍질 적당량
카카오 닙 적당량
식용 금박 적당량

E 다크초콜릿 글라사주

1 냄비에 생크림, 우유, 시럽, 물엿을 넣고 끓인다.
2 볼에 다크초콜릿, 코팅초콜릿을 넣고 ①을 부어 유화시킨다.
3 미루아르를 넣고 핸드블렌더로 섞은 다음 체에 거른다.
4 표면에 랩을 밀착시키고 감싸 냉장고에서 12시간 동안 보관한다.

마무리

1 지름 5㎝, 높이 3㎝ 원형 무스케이크 틀에 B(땅콩 크럼블)를 40g씩 넣어 스패튤러로 윗면을 평평하게 정리한다.
2 C(캐러멜 크레뫼 크림)를 80g씩 넣은 다음 A(초콜릿 제누아즈)를 넣고 윗면을 평평하게 정리해 냉동고에서 굳힌다.
3 지름 6㎝, 높이 4.5㎝ 크기의 원통형 실리콘 몰드에 휘핑한 D(바닐라 휘핑 가나슈)를 몰드의 1/2 높이까지 넣고 슈미제한다.
4 가운데에 틀에서 뺀 ②를 넣고 윗면을 평평하게 정리해 냉동고에서 굳힌다.
5 몰드에서 빼 겉면에 35~40℃로 온도를 맞춘 E(다크초콜릿 글라사주)를 입힌다.
6 땅콩 분태, 땅콩 껍질, 카카오 닙, 식용 금박으로 장식한다.

A 초콜릿 제누아즈
B 땅콩 크럼블
C 캐러멜 크레뫼 크림
D 바닐라 휘핑 가나슈
E 다크초콜릿 글라사주

Tartelette au Chocolat À L'ORIENTALE

오리엔탈 초콜릿 타르틀레트

3.5×11×2.5㎝ 직사각형 타르트 틀 12개 분량

A 아몬드 사블레

버터 200g, 소금 3g
미분당 100g, 아몬드파우더 100g
달걀 85g, 박력분 400g

B 초콜릿 조콩드 비스퀴

아몬드 T.P.T 150g
달걀 100g, 흰자 68g
설탕 25g, 코코아파우더 4g
옥수수 전분 2g, 박력분 10g
버터 15g

C 리치 콩포트

리치 퓌레 110g
베르가모트 퓌레 40g
설탕 40g, 펙틴 NH 3g

A 아몬드 사블레

1 믹서볼에 포마드 상태의 버터, 소금, 미분당을 넣고 저속에서 비터로 믹싱한다.
2 아몬드파우더를 넣고 믹싱한 다음 달걀을 조금씩 나누어 넣으면서 믹싱한다.
3 체 친 박력분을 넣고 한 덩어리가 될 때까지 믹싱한다.
4 랩으로 감싸 냉장고에서 2시간 동안 휴지시킨 뒤 2㎜ 두께로 밀어 편다.
5 3.5×11×2.5㎝ 크기의 직사각형 타르트 틀 크기에 맞게 잘라 퐁사주한다.
6 160℃ 컨벡션 오븐에서 12~15분 동안 굽고 달걀물을 칠한다.
- 달걀물은 노른자 100g, 생크림 25g으로 만들어 사용한다.

7 다시 오븐에서 5분 동안 굽고 식힌다.

B 초콜릿 조콩드 비스퀴

1 믹서볼에 아몬드 T.P.T, 달걀을 넣고 5분 동안 휘핑한다.
2 다른 믹서볼에 흰자를 넣고 휘핑하다가 설탕을 2회에 걸쳐 나누어 넣고 휘핑해 단단한 머랭을 만든다.
3 ①에 머랭 1/3을 넣고 고무 주걱으로 가볍게 섞는다.
4 함께 체 친 코코아파우더, 옥수수 전분, 박력분을 넣고 섞은 다음 남은 머랭, 녹인 버터를 넣고 가볍게 섞는다.
5 30×40㎝ 크기의 철팬에 팬닝해 윗면을 스패튤러로 평평하게 정리한다.
6 220℃ 컨벡션 오븐에서 7분 동안 굽는다.
7 2.5×9.5㎝ 크기의 직사각형으로 자른다.

C 리치 콩포트

1 냄비에 리치 퓌레, 베르가모트 퓌레, 설탕 4/5를 넣고 데운다.
2 남은 설탕과 펙틴 NH를 섞어 ①에 넣고 85℃까지 가열해 식힌다.
3 핸드블렌더로 섞는다.

D 마르코폴로 다크초콜릿 크레뫼 크림

우유 300g, 생크림 150g
설탕 100g, 홍차 잎 2g, 노른자 180g
다크초콜릿(66%) 255g

마무리

미루아르 적당량
식용 금박 적당량

D 마르코폴로 다크초콜릿 크레뫼 크림

1 냄비에 우유, 생크림, 설탕 1/2, 홍차 잎을 넣고 끓인다.
 • 홍차 잎은 마리아주 프레르(社)의 '마르코폴로'를 사용했다.
2 볼에 노른자, 남은 설탕을 넣고 섞은 다음 체에 거른 ①을 넣고 섞는다.
3 다시 냄비에 옮겨 실리콘 주걱으로 저어가며 가열해 앙글레즈 크림을 만든다.
4 불에서 내려 다진 다크초콜릿에 넣고 핸드블렌더로 유화시킨다.
5 표면에 랩을 밀착시키고 감싸 냉장고에서 보관한다.

마무리

1 A(아몬드 사블레)에 C(리치 콩포트)를 8g씩 넣고 B(초콜릿 조콩드 비스퀴)를 넣는다.
2 D(마르코폴로 다크초콜릿 크레뫼 크림)를 채우고 스패튤러로 윗면을 평평하게 정리한다.
3 윗면에 미루아르를 바른 다음 남은 D(마르코폴로 다크초콜릿 크레뫼 크림)를 얇게 바른다.
4 격자무늬 실리콘 매트에 뒤집어 올리고 냉동고에서 살짝 굳힌다.
5 식용 금박으로 장식한다.

A 아몬드 사블레
B 초콜릿 조콩드 비스퀴
C 리치 콩포트
D 마르코폴로 다크초콜릿 크레뫼 크림

VERRINE 유자&헤이즐넛 베린
au Yuja et Noisette

100㎖ 용량 유리컵 10개 분량

A 무스코바도 크럼블
버터 30g, 무스코바도 27g
소금 1g, 박력분 37g
아몬드파우더 27g

/

B 잔두야 크레뫼 크림
우유 95g, 노른자 28g
밀크잔두야 115g
다크초콜릿(55%) 8g

C 유자 크림
생크림A 160g, 노른자 45g
설탕 30g, 유자 퓌레 30g
화이트초콜릿(35%) 25g
판젤라틴 2g, 생크림B 67g

D 유자 잼
유자 퓌레 125g, 유자청 30g
물 50g, 설탕 38g, 펙틴 NH 3g

E 샹티이 크림
생크림 125g, 설탕 10g
판젤라틴 1g

A 무스코바도 크럼블

1 믹서볼에 포마드 상태의 버터, 무스코바도, 소금을 넣고 저속에서 비터로 믹싱한다.
2 함께 체 친 박력분, 아몬드파우더를 넣고 보슬보슬한 상태가 될 때까지 믹싱한다.
3 실리콘 매트에 펼쳐 놓고 냉동고에서 20분 동안 얼린다.
4 160℃ 컨벡션 오븐에서 10분 동안 굽는다.
- 데크 오븐일 경우 윗불 170℃, 아랫불 170℃에서 15분 동안 굽는다.

B 잔두야 크레뫼 크림

1 냄비에 우유, 노른자를 넣고 83℃까지 실리콘 주걱으로 저어가며 가열해 앙글레즈 크림을 만든다.
2 다진 밀크잔두야와 다크초콜릿에 붓고 유화시킨다.
3 핸드블렌더로 고루 섞는다.

C 유자 크림

1 냄비에 생크림A를 넣고 끓인다.
2 볼에 노른자, 설탕을 넣고 거품기로 섞은 뒤 ①을 붓고 섞는다.
3 체에 걸러 다시 냄비로 옮기고 유자 퓌레를 넣어 섞은 다음 83℃까지 실리콘 주걱으로 저어가며 가열한다.
4 다른 볼에 화이트초콜릿, 찬물에 불려 물기를 제거한 판젤라틴을 넣고 ③을 부어 유화시킨다.
5 30℃까지 식힌 다음 휘핑한 생크림B를 넣고 고루 섞는다.

D 유자 잼

1 냄비에 유자 퓌레, 유자청, 물을 넣고 40℃까지 데운다.
2 함께 섞은 설탕과 펙틴 NH를 넣고 거품기로 섞은 다음 85℃까지 가열하고 식힌다.

E 샹티이 크림

1 냄비에 생크림의 일부, 설탕을 넣고 데운 뒤 찬물에 불려 물기를 제거한 판젤라틴을 넣어 녹인다.
2 차가운 상태의 남은 생크림을 넣고 고루 섞는다.
3 핸드블렌더로 섞고 냉장고에서 4시간 이상 숙성시킨다.

F 헤이즐넛 카라멜리제

물 20g, 설탕 50g
헤이즐넛 200g
카카오버터 5g

/

마무리

식용 금박 적당량

F 헤이즐넛 카라멜리제

1 냄비에 물, 설탕을 넣고 117℃까지 끓여 시럽을 만든다.
2 불에서 내려 헤이즐넛을 넣고 주걱으로 계속 저어 사블라주한다.
3 다시 불에 올려 카라멜리제하고 불에서 내려 카카오버터를 넣고 섞는다.
4 실리콘 매트에 펼쳐 붓고 알알이 분리한다.

마무리

1 100㎖ 용량의 유리컵에 짤주머니에 넣은 D(유자 잼)를 10g씩 짜 넣고 냉장고에서 굳힌다.
2 짤주머니에 넣은 C(유자 크림)를 40g씩 짜 넣고 냉동고에서 굳힌다.
3 짤주머니에 넣은 B(잔두야 크레뫼 크림)를 15g씩 짜 넣고 냉동고에서 굳힌다.
4 E(샹티이 크림)를 90%까지 휘핑해 지름 0.7㎝ 원형 모양깍지를 낀 짤주머니에 넣고 ③의 윗면에 불규칙한 모양으로 짠다.
5 A(무스코바도 크럼블)를 10g씩 넣고 F(헤이즐넛 카라멜리제), 식용 금박으로 장식한다.

A 무스코바도 크럼블
B 잔두야 크레뫼 크림
C 유자 크림
D 유자 잼
E 샹티이 크림
F 헤이즐넛 카라멜리제

CRÈME MOUSSE

크렘 무스

'거품', '기포'를 뜻하는 무스(Mousse)는 부드럽게 휘핑한 생크림 또는 많은 기포를 함유한 머랭을 더해 부풀린 크림을 통칭한다. 텍스처가 가볍고 혀에 닿는 감촉이 좋아 앙트르메, 프티 가토, 베린 등의 제품에 두루 활용된다. 무스의 종류는 크게 3가지로 구분할 수 있는데 머랭이 들어간 '크렘 무스(Crème Mousse)', 크렘 앙글레즈 베이스의 '크렘 바바루아(Crème Bavarois)', 파트 아 봄브로 만드는 '크렘 팍페(Crème Parfait)'가 있다.

MAKE 크렘 무스, 크렘 바바루아, 크렘 팍페 만들기

준비하기

- 스테인리스 재질의 볼, 냄비, 믹서볼, 거품기, 체, 실리콘 주걱, 온도계를 준비한다.
- 바닐라 빈은 반으로 갈라 씨와 깍지를 분리한다.
- 달걀은 노른자와 흰자를 분리한다. 판젤라틴은 찬물에 넣어 처음 무게의 6배가 될 때까지 불린다.
- 시럽을 끓일 때 사용할 여분의 물, 붓을 준비한다.

포인트

- 젤라틴이 섞인 반죽 일부가 볼의 벽면 또는 거품기의 살 등에 묻어 방치되면 덩어리가 생기므로 생크림과 섞을 때 고루 섞도록 한다.
- 휘핑한 생크림을 넣고 섞을 때는 혼합물의 온도를 30℃ 이하로 맞춰야 한다. 젤라틴의 양, 크림의 물성에 따라 생크림을 넣는 온도가 달라질 수 있지만 30℃ 이상에서 넣을 경우 휘핑한 생크림이 녹아 묽어지기 때문에 알맞은 질감을 얻을 수 없다.
- 차가운 상태의 생크림은 2회에 걸쳐 나눠 넣고 섞는다. 처음 넣는 생크림 일부는 재빨리 섞어 덩어리지지 않도록 하고, 나머지 생크림은 거품이 주저앉지 않도록 조심스럽게 섞는다.
- 완성된 크렘 무스, 크렘 바바루아, 크렘 팍페는 시간이 지날수록 젤라틴의 겔화가 진행된다. 따라서 시트, 인서트용 크림 등 완성품 조합에 필요한 모든 구성물들을 미리 준비해 크림을 만든 뒤 바로 틀에 채우거나 조합 작업을 해야 한다.
- 조합 과정에서 굳은 크렘 무스, 크렘 바바루아, 크렘 팍페를 다시 부드럽게 만들기 위해 거품기나 고무 주걱으로 다시 섞으면 크림 속 기포가 가라앉아 볼륨이 줄고 식감도 나빠진다.

보관법

- 만든 다음 바로 부드러운 상태일 때 신속하게 사용하며 남은 크림은 보관했다 재사용할 수 없다.
- 완성품에 조합된 크렘 무스, 크렘 바바루아, 크렘 팍페는 급속 냉동고에서 얼린 다음 −18℃ 이하의 냉동고에서 한 달 이상 보관할 수 있다.
- 크렘 무스, 크렘 바바루아, 크렘 팍페는 재료나 제조법에 따라 보관 기간이 달라지는데, 냉장고에 장시간 두게 되면 겉면이 마르고 균이 증식해 품질이 떨어진다.

크렘 무스　　크렘 바바루아　　크렘 팍페

1 2
3 4 5

CRÈME MOUSSE 크렘 무스

재료

노른자 160g
설탕A 50g
생크림 400g
바닐라 빈 1개
판젤라틴 12g
흰자 200g
설탕B 100g

만드는 방법

1 볼에 노른자, 설탕A 1/2을 넣고 거품기로 섞은 다음 함께 끓인 생크림, 남은 설탕A, 바닐라 빈의 씨와 깍지를 부어 섞고 체에 걸러 다시 냄비에 옮긴다.
2 실리콘 주걱으로 저어가며 83~85℃까지 가열해 크렘 앙글레즈를 만든다.
3 불에서 내려 찬물에 불려 물기를 제거한 판젤라틴을 넣고 녹인 뒤 얼음물에 받쳐 25~28℃까지 식힌다.
4 흰자와 설탕B를 휘핑해 머랭을 만들고 ③에 2회에 걸쳐 나누어 넣으면서 섞는다.
• 거품기로 섞다가 실리콘 주걱으로 섞어 마무리한다.
5 완성된 크렘 무스.

1 2 3
4 5

CRÈME BAVAROIS

크렘 바바루아

재료

우유 100g
생크림A 100g
바닐라 빈 1.5개
설탕 112g
노른자 93g
판젤라틴 9g
생크림B 360g

만드는 방법

1 냄비에 우유, 생크림A, 바닐라 빈의 씨와 깍지, 설탕 1/2을 넣고 가열한다.
2 볼에 노른자, 남은 설탕을 넣고 거품기로 가볍게 섞은 다음 ①을 붓고 섞는다.

3 체에 걸러 다시 냄비에 넣고 실리콘 주걱으로 저어가며 85℃까지 가열해 크렘 앙글레즈를 만든다.

4 찬물에 불려 물기를 제거한 판젤라틴을 넣고 녹인다.

5 볼에 옮겨 25℃까지 식히고 50~60%까지 휘핑한 생크림B를 2회에 걸쳐 나누어 넣고 섞는다.

1 2 3 4

CRÈME PARFAIT 크렘 팍페

재료

노른자 220g
물 60g
설탕 200g
판젤라틴 20g
생크림 400g

만드는 방법

1 믹서볼에 노른자를 넣고 뽀얗게 될 때까지 휘핑한 다음 물과 설탕을 118℃까지 끓여 조금씩 나누어 부으면서 고속에서 휘핑한다.
2 시럽이 다 섞이고 볼륨이 생기면 중속에서 25~30℃가 될 때까지 휘핑해 파트 아 봄브를 만든다.

3 찬물에 불려 물기를 제거하고 녹인 판젤라틴을 넣고 섞는다.

4 25℃까지 식힌 다음 50~60%까지 휘핑한 생크림을 2회에 걸쳐 나누어 넣고 섞는다.

GELATIN 젤라틴

아이스크림, 젤리, 무스, 바바루아, 팍페 등 냉과를 굳히기 위해 사용하는 무색투명의 응고제다. 소나 돼지의 뼈 또는 껍질로부터 콜라겐(불용성 단백질)을 뜨거운 물로 추출, 정제해서 건조시켜 만든다. 크게 판 형태와 가루 형태의 제품이 있으며 보통 전체 반죽 혹은 크림 양의 1~2% 정도 첨가한다. 35℃ 이상에서 녹기 시작해 16℃ 이하에서 굳기 시작하며 물을 흡수시켜 반죽 또는 크림에 넣고 녹여 사용한다. 한편, 이슬람 국가의 할랄 음식에 들어가는 젤라틴은 종교상의 이유로 생선 뼈로 만든 것을 사용한다.

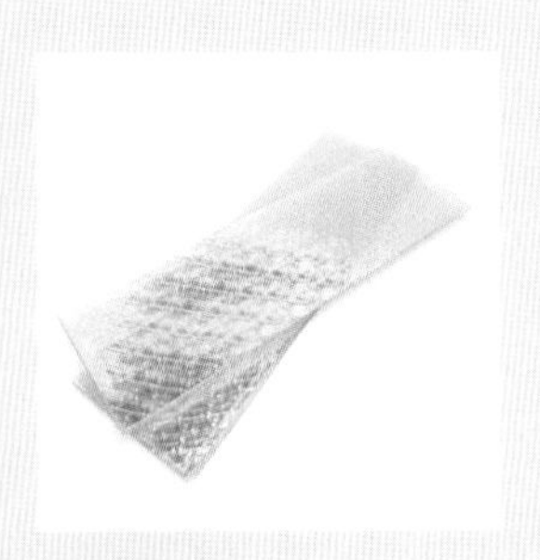

판젤라틴

얇은 판 형태로 1장당 2g이다. 충분한 양의 찬물에 넣어 불린 다음 손으로 짜 물기를 제거했을 때 6배 중량이 되면 반죽 또는 크림에 넣어 녹인다. 이때 내용물에 온기가 없으면 완전히 녹지 않고 덩어리가 남으므로 전자레인지에서 녹인 뒤 사용한다.

가루젤라틴

판젤라틴과 동일한 성분을 가진 가루 형태의 젤라틴. 전체 젤라틴 양의 5~6배에 해당하는 물에 수화시켜 사용한다.

젤라틴 매스

처음 무게의 6~7배로 수화시킨 판젤라틴 또는 5~6배 되는 물에 수화시킨 가루젤라틴을 녹인 다음 냉장고에서 굳힌 것. 냉장고에서 최대 48시간 동안 보관할 수 있으며 필요한 양만큼 잘라 사용한다.

젤레 데세르

젤라틴의 성질을 가진 안정제로 설탕, 전분 등이 포함돼 있다. 차가운 상태의 반죽 혹은 크림에 바로 분산시켜 사용한다. 젤라틴으로 대체할 경우 젤레 데세르 양의 1/5로 줄여 쓴다.

*** 젤라틴 사용 온도**

젤라틴을 섞지 않음		수화된 젤라틴을 녹여 투입	수화시켜 바로 투입	젤라틴을 섞지 않음
~18℃	18℃~20℃	20℃~40℃	40℃~98℃	98℃~

*** 젤라틴의 분류**

'블룸(Bloom)'은 젤라틴의 늘어나는 강도를 측정하는 단위로 수치가 높을수록 단단함을 의미한다. 블룸 수치에 따라 플래티넘, 골드, 실버, 브론즈, 티타늄으로 분류되며 나라마다 사용하는 젤라틴에 조금씩 차이를 보인다.

타입	블룸 수치	무게(g)/장(200bloom 기준 사용량)
플래티넘(Platinum)	250bloom	1.7
골드(Gold)	200bloom	2
실버(Silver)	160bloom	2.5
브론즈(Bronze)	140bloom	3.3~3.5
티타늄(Titanium)	120bloom	5

PECTIN 펙틴

식물의 세포벽을 구성하는 성분의 하나로 과일의 과육이나 껍질에 많이 포함돼 있다. 적당한 산성의 상태로 다량의 당분을 넣고 가열하면 상온으로 식었을 때 탄력이 있는 상태로 응고하는 성질을 지니고 있다. 적당히 익은 과일일수록 펙틴의 함유량이 많으며 잼에 농도가 생기는 것은 재료인 과일에 포함된 천연 펙틴의 작용 때문이다. 펙틴이 적은 과일을 잼으로 만들 때 시판용 펙틴을 넣는데 이는 주로 주스를 만들 때 발생하는 사과의 찌꺼기, 감귤류의 껍질로부터 추출하며, 건조시켜 고운 가루 상태로 제조한다. 펙틴은 응고제(겔화제), 안정제의 용도로 주로 사용되고 있으며 용도 및 성질에 따라 크게 다음 4가지로 나뉜다.

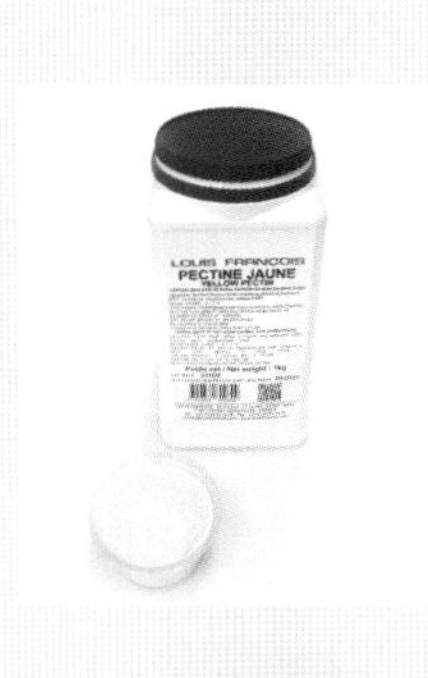

고메톡실 펙틴(HM)

펙틴 존느(Pectine Jaune)라 불리기도 하는 잼용 펙틴. 당도 최대 75%, 산성도 pH3.2~3.6, 온도 80~85℃에서 겔화가 천천히 진행되는 성질을 가지고 있다. 당도, 산성도가 높을수록 강하게 겔화하며 일반적으로 잼이나 젤라틴 등으로 굳지 않는 산미가 강한 과일의 젤리를 만들 때 사용한다. 한번 반응한 고메톡실 펙틴은 열을 가해도 다시 겔화가 진행되지 않는다.

사용량 잼 1.6~1.7%, 과일 젤리 1~1.2%

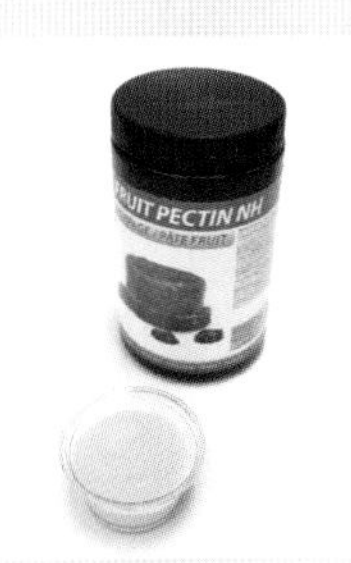

저메톡실 펙틴(LM)

펙틴 NH(Pectine NH)라 불리기도 하며 젤리용 펙틴이다. 당도 58~68%, 산성도 pH3.6, 온도 80~85℃에서 겔화가 진행된다. 고메톡실 펙틴에 비해 당도와 산도에 많은 영향을 받지 않으며 미네랄(칼슘이나 마그네슘)이 존재하면 겔화한다. 주로 저당, 무당의 특수잼, 우유를 사용하는 차가운 디저트, 과일 퓌레를 넣은 나파주 등에 활용한다. 한번 반응한 저메톡실 펙틴은 열을 가하면 다시 겔화가 진행된다.

사용량 나파주 0.8~2%

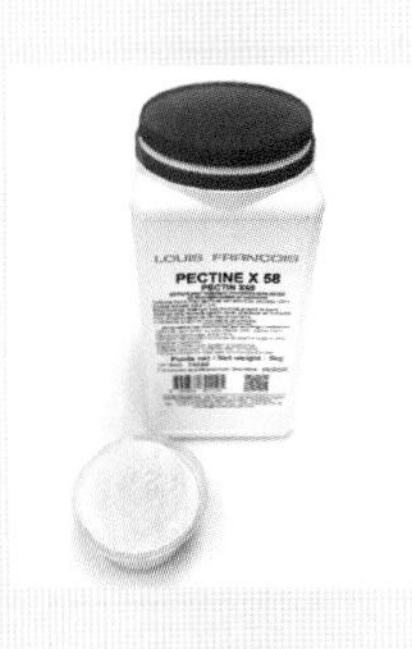

펙틴 X 58

칼슘에 의해 반응하고, 당도 55~60%, 산성도 pH 3.5~3.7, 온도 50~55℃에서 내용물에 첨가하며 80~85℃에서 겔화가 진행된다. 젤리형으로 윤기가 나고 탄력있는 질감을 가진다. 재가열을 해도 안정적으로 다시 겔화가 진행된다. 냉동, 해동에도 안정적이며 유제품, 초콜릿과 같이 칼슘이 풍부한 재료와 함께 사용할 수 있고, 과일이 들어가지 않은 나파주, 크레뫼, 앙글레즈 크림 등에 사용할 수 있다.

사용량 0.8~1.5%

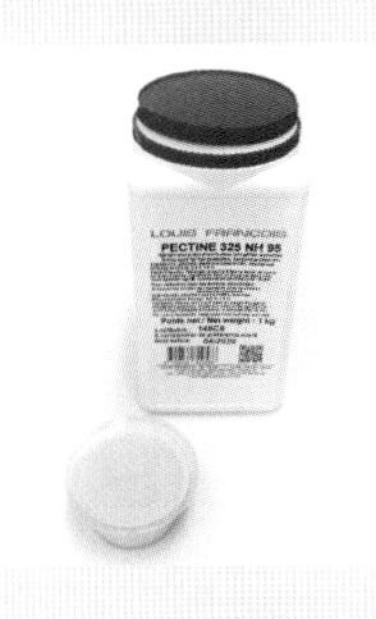

펙틴 325 NH 95

칼슘에 의해 반응하고, 온도 80~85℃에서 겔화가 진행되며 가장 이상적인 질감은 24시간 후에 얻어진다. 한번 반응한 펙틴 325 NH 95는 재가열해도 안정적으로 다시 겔화가 진행된다. 잼의 되기 조절, 특히 과일 퓌레 및 유제품의 겔화제, 나파주, 소스, 우유잼, 다이어트 식품 등에 널리 사용한다.

사용량 0.5~1.5%

* 제조사에 따라 권장 사용량이 다를 수 있으므로 사용하는 제품에 따라 사용법을 확인한다.

출처 – 루이 프랑수아(Louis François)

ABOUT 크렘 무스, 크렘 바바루아, 크렘 팍페

크렘 무스, 크렘 바바루아, 크렘 팍페의 차이가 정확히 무엇인가요?

무스(Mousse)는 크렘 앙글레즈, 파트 아 봄브 등의 베이스에 제품을 굳히는 젤라틴, 맛과 향을 내는 퓌레, 초콜릿 등의 다양한 재료와 휘핑한 생크림 또는 머랭을 더한 것입니다. 구분하는 방법은 크렘 앙글레즈에 젤라틴, 프렌치 머랭 또는 이탈리안 머랭 등이 들어가면 크렘 무스, 크렘 앙글레즈에 젤라틴, 생크림 등을 넣어 만든다면 크렘 바바루아, 파트 아 봄브에 젤라틴, 생크림 등을 섞으면 크렘 팍페라 합니다. 각각의 특징은 아래의 표와 같으니 참고하세요.

크렘 무스 Crème Mousse	크렘 바바루아 Crème Bavarois	크렘 팍페 Crème Parfait
크렘 앙글레즈 + 맛, 향 + 젤라틴 + 프렌치 머랭 또는 이탈리안 머랭	크렘 앙글레즈 + 맛, 향 + 젤라틴 + 휘핑한 생크림	파트 아 봄브 + 맛, 향 + 젤라틴 + 휘핑한 생크림
머랭이 들어가 가장 가볍고 산뜻한 맛.	묵직한 편이며 입 안에서 녹는 부드러운 식감.	농후하고 진한 맛이 나며, 크렘 바바루아보다 가벼운 식감.

- 크렘 무스 바바루아(Crème Mousse Bavarois): 크렘 앙글레즈 + 맛, 향 + 젤라틴 + 휘핑한 생크림 + 머랭

크렘 무스에는 어떤 머랭을 사용해야 하나요?

클래식한 무스케이크 배합을 보면 대개 프렌치 머랭을 사용하고 있습니다. 하지만 최근에는 이탈리안 머랭을 넣는 경우가 늘고 있어요. 이유는 이탈리안 머랭을 만들 때 들어가는 고온의 시럽이 흰자를 살균해 더욱 위생적이기 때문이죠. 뿐만 아니라 프렌치 머랭보다 이탈리안 머랭으로 만든 무스가 조금 더 단단하게 볼륨을 유지하는 장점이 있어요.

크렘 팍페를 만들 때 노른자를 얼마나 휘핑한 다음 뜨거운 시럽을 부어야 하나요?

노른자에 어느 정도 볼륨이 생기고 아이보리색을 띨 때 118~121℃까지 끓인 뜨거운 시럽을 부어주세요. 노른자는 흰자와 달리 휘핑할 때 풍성한 볼륨이 생성되지 않으므로 시럽을 끓이는 것과 동시에 믹서볼에 넣고 고속에서 휘핑하는 것이 좋습니다.

크렘 팍페에 들어가는 파트 아 봄브는 몇 ℃까지 식히는 것이 좋나요?

휘핑한 노른자에 뜨거운 시럽을 붓는 초반에는 고속에서 휘핑을 하다가 시럽이 노른자와 잘 섞이고 혼합물에 볼륨이 생기면 스탠드 믹서의 속도를 중속으로 낮춰 25~30℃가 될 때까지 휘핑해 식히세요.

크렘 바바루아 또는 크렘 팍페에 넣는 생크림은 어느 정도까지 휘핑하는 것이 적당한가요?

크렘 바바루아와 크렘 팍페를 만들 때 생크림의 휘핑 정도는 매우 중요한 요소예요. 생크림의 상태에 따라 식감이 확연히 달라지기 때문이죠. 보통 50~60% 정도까지 휘핑한 생크림을 넣고 섞는데 이렇게 하면 부드러운 텍스처의 크렘 바바루아, 크렘 팍페를 완성할 수 있습니다. 이때 휘핑한 생크림의 상태는 형태가 충분히 만들어지지 않고 거품기로 떴을 때 주르륵 흐르며 거품기 살에 생크림이 살짝 묻어 있어요.(14p 참고) 한편, 지나치게 휘핑한 생크림은 분리 현상이 생겨 텍스처가 상당히 거친데 이러한 생크림을 크렘 앙글레즈 또는 파트 아 봄브에 넣으면 볼륨이 낮고 거칠거칠한 크렘 바바루아 또는 크렘 팍페가 만들어지므로 주의하세요.

젤라틴을 넣었는데 잘 녹지 않고 덩어리가 생겼어요. 해결 방법을 알려주세요.

크렘 바바루아, 팍페에는 모두 마지막에 차가운 상태의 휘핑한 생크림을 넣고 섞는 과정이 있어요. 아직 생크림을 넣지 않았다면 혼합물을 중탕으로 데워 온도를 높여주세요. 이렇게 하면 굳은 젤라틴의 덩어리를 매끄럽게 풀 수 있습니다. 단, 생크림을 넣기 전 다시 혼합물의 온도를 30℃ 이하로 식혀야 한다는 것을 잊지마세요. 한편, 뭉친 젤라틴 덩어리를 제거하기 위해 체에 내리는 방법도 있는데 이는 응고제 역할을 하는 젤라틴을 걸러내 최종적으로 완성된 크림이 잘 굳지 않을 수 있어요.

크렘 무스, 크렘 바바루아, 크렘 팍페는 어떤 방법으로 굳히는 것이 좋은가요?

고형분 농도나 당도에 따라 차이는 있지만 대부분의 식품은 얼릴 때 -1~-5℃에서 가장 많은 얼음 결정이 생성됩니다. 이를 '최대빙결정생성대'라고 부르지요. 이 온도대를 빨리 통과하면 크림 속에 작은 얼음 결정이 균일하게 분포되는데, 통과하는 시간이 길어지면 길어질수록 얼음 결정이 크고 불규칙하게 생성돼 크림의 조직이 파괴, 변형, 손상을 입게 됩니다. 따라서 최대빙결정생성대를 30분 이내로 통과할 수 있는 '급속 동결' 방식이 바람직하며 이러한 이유로 급속 냉동고를 사용해 굳히는 것이 좋습니다.

크렘 무스, 크렘 바바루아, 크렘 팍페에는 각각 어떤 재료가 잘 어울리나요? 응용 방법이 궁금합니다.

원하는 식감이나 표현하고자 하는 맛에 따라 무스의 종류와 재료를 선택할 수 있어요. 예를 들어 과일 퓌레를 이용해 산뜻하고 가벼운 질감의 크림을 만들고 싶다면 머랭을 넣고 만드는 크렘 무스 제법을 선택해야겠지요. 반대로 묵직한 식감을 원한다면 과일 퓌레를 베이스로 한 크렘 앙글레즈를 만들어 크렘 바바루아를 완성할 수도 있습니다. 초콜릿 무스를 만들 때도 가벼운 식감으로 만들고 싶다면 머랭 베이스의 초콜릿 무스를, 농후하고 진한 맛을 표현하고자 한다면 파트 아 봄브를 기본으로 한 초콜릿 팍페를 만들면 됩니다.

CHARLOTTE aux Fruits Rouges 붉은 과일 샤를로트

지름 18㎝ 원형 무스케이크 틀 3개 분량

A 퀴이예르 비스퀴
노른자 187g, 설탕A 94g
바닐라파우더 3g, 흰자 225g
설탕B 94g, 박력분 94g
옥수수 전분 94g

B 레몬 다쿠아즈
흰자 150g, 설탕 35g
레몬 제스트 1개 분량
아몬드 T.P.T 230g

C 붉은 과일 콩포트
딸기(냉동) 215g
산딸기(냉동) 55g
블루베리(냉동) 80g
레드커런트(냉동) 25g,
설탕 120g, 펙틴 NH 3g

/

D 레몬 무스 바바루아
우유 245g, 레몬 주스 75g
레몬 제스트 2개 분량
설탕A 35g, 노른자 102g
설탕B 35g, 판젤라틴 20g
이탈리안 머랭 150g
생크림 685g

A 퀴이예르 비스퀴

1 믹서볼에 노른자, 설탕A, 바닐라파우더를 넣고 고속에서 휘핑한다.
2 다른 믹서볼에 흰자를 넣고 휘핑하다가 설탕B를 넣어가며 휘핑해 단단한 머랭을 만든다.
3 ①에 체 친 박력분을 넣고 고무 주걱으로 섞는다.
4 ②의 1/3, 옥수수 전분을 넣고 고무 주걱으로 섞은 다음 남은 ②를 넣고 섞는다.
5 지름 1㎝ 원형 모양깍지를 낀 짤주머니에 넣고 실리콘 페이퍼를 깐 철팬에 높이 7㎝ 울타리 모양(옆면용), 지름 17㎝ 원형(인서트용)으로 짠다.
* 굽는 과정에서 팽창이 심해 반죽의 표면이 터지고 주름이 생길 수 있으므로 옆면용 비스퀴를 짤 때는 약간 눌러주듯 낮게 짤 것을 추천한다.

6 170℃ 컨벡션 오븐에서 8~10분 동안 굽는다.
* 데크 오븐일 경우 윗불 180℃, 아랫불 180℃ 오븐에서 12분 동안 굽는다.

7 실리콘 페이퍼에서 떼 옆면용 비스퀴는 높이 6㎝로 자른다.

B 레몬 다쿠아즈

1 믹서볼에 흰자, 설탕을 넣고 휘핑해 단단한 머랭을 만든다.
2 머랭의 일부를 덜어 레몬 제스트를 넣고 고무 주걱으로 섞는다.
3 남은 머랭에 ②, 아몬드 T.P.T를 넣고 고무 주걱으로 섞는다.
* 아몬드 T.P.T는 아몬드파우더와 분당을 1:1 비율로 섞은 것을 의미한다.

4 지름 1.5㎝ 원형 모양깍지를 낀 짤주머니에 반죽을 넣고 지름 17㎝ 원형으로 짠다.
5 175℃ 컨벡션 오븐에서 10분 동안 굽는다.

C 붉은 과일 콩포트

1 냄비에 모든 과일, 함께 섞은 설탕과 펙틴 NH를 넣고 버무려 1시간 동안 상온에 둔다.
2 100℃까지 끓인 다음 식혀 냉장고에서 보관한다.

D 레몬 무스 바바루아

1 냄비에 우유, 레몬 주스, 레몬 제스트, 설탕A를 넣고 데운 뒤 향을 우린다.
2 노른자에 설탕B를 넣고 거품기로 가볍게 섞는다.
3 ①을 붓고 섞은 다음 체에 걸러 다시 냄비에 옮긴다.
4 약불에서 85℃가 될 때까지 실리콘 주걱으로 저어가며 가열해 앙글레즈 크림을 만든다.
5 찬물에 불려 물기를 제거한 판젤라틴을 넣고 녹인다.
6 30℃까지 식혀 이탈리안 머랭, 휘핑한 생크림을 차례대로 넣고 섞는다.
* 이탈리안 머랭은 물 100g, 설탕 350g, 흰자 175g으로 만들어 사용한다.

E 라임 기모브

라임 주스 68g
라임 제스트 1개 분량, 물 133g
설탕 304g, 트리몰린A 100g
트리몰린B 126g, 판젤라틴 20g

마무리

딸기 적당량, 미루아르 적당량
식용 금박 적당량

E 라임 기모브

1 냄비에 라임 주스, 라임 제스트, 물, 설탕, 트리몰린A를 넣고 끓인다.
2 불에서 내려 트리몰린B를 넣고 거품기로 섞는다.
3 찬물에 불려 물기를 제거한 판젤라틴을 넣고 녹인 다음 믹서볼에 옮겨 식을 때까지 고속에서 휘핑한다.

마무리

1 지름 18㎝ 원형 무스케이크 틀 안쪽에 무스 띠지를 두르고 옆면에 옆면용 A(퀴이예르 비스퀴)를 두른다.
2 바닥에 B(레몬 다쿠아즈)를 1장 깔고 D(레몬 무스 바바루아)를 틀의 1/2 높이까지 넣는다.
3 가운데에 인서트용 A(퀴이예르 비스퀴)를 1장 넣고 그 위에 짤주머니에 넣은 C(붉은 과일 콩포트)를 짠다.
4 남은 D(레몬 무스 바바루아)를 옆면용 A(퀴이예르 비스퀴)보다 약 1㎝ 낮게 채워 냉동고에서 굳힌다.
5 작게 자른 딸기, 미루아르, E(라임 기모브), 식용 금박으로 장식한다.

A 퀴이예르 비스퀴
B 레몬 다쿠아즈
C 붉은 과일 콩포트
D 레몬 무스 바바루아
E 라임 기모브

FIANÇAILLES
피앙사유

안지름 6㎝, 바깥지름 18㎝, 높이 5㎝
링 모양 실리콘 몰드 3개 분량

A 초콜릿 비스퀴
흰자 150g, 설탕 30g
다크초콜릿 75g, 버터 18g
노른자 15g

B 무알뢰 캐러멜
생크림 240g, 소금 1g
바닐라 빈 1개, 물엿 80g, 설탕 160g
밀크초콜릿(46%) 80g, 버터 70g

C 아몬드 크럼블
버터 80g, 아몬드파우더 105g
설탕 80g, 소금 1g, 박력분 80g

D 프랄리네 크루스티양
카카오버터 60g
밀크초콜릿(33%) 100g
헤이즐넛 프랄리네 100g
C(아몬드 크럼블) 160g
파이테 푀이틴 80g

A 초콜릿 비스퀴

1 흰자에 설탕을 조금씩 나눠 넣으면서 휘핑해 단단한 머랭을 만든다.
2 볼에 다크초콜릿을 넣고 중탕으로 녹인 다음 포마드 상태의 버터와 노른자를 넣고 섞는다.
3 ①을 넣고 고무 주걱으로 조심스럽게 섞는다.
4 안지름 8㎝, 바깥지름 16㎝, 높이 4㎝ 크기의 링 모양 실리콘 몰드에 100g씩 넣는다.
- 실리콘 몰드는 실리코마트사(社)의 SAVARIN 160/1을 사용했다.

5 170℃ 컨벡션 오븐에서 8분 동안 굽는다.
- 데크 오븐일 경우 윗불 190℃, 아랫불 170℃ 오븐에서 8~10분 동안 굽는다.

B 무알뢰 캐러멜

1 냄비에 생크림, 소금, 바닐라 빈의 씨를 넣고 끓인 다음 불에서 내려 10분 동안 향을 우린다.
2 다른 냄비에 물엿, 설탕을 넣고 카라멜리제한다.
3 ①을 붓고 섞는다.
4 다시 불에 올려 캐러멜을 부드럽게 녹이고 밀크초콜릿에 부어 유화시킨다.
5 60℃까지 식히고 포마드 상태의 버터를 넣어 핸드블렌더로 섞는다.
7 안지름 8㎝, 바깥지름 16㎝, 높이 4㎝ 크기의 링 모양 실리콘 몰드에 140g씩 채운 다음 몰드에서 빼 슬라이스한 A(초콜릿 비스퀴)를 넣어 냉동고에서 굳힌다.
- 실리콘 몰드는 실리코마트사(社)의 SAVARIN 160/1을 사용했다.

C 아몬드 크럼블

1 14℃의 버터를 비닐에 감싸고 밀대로 두들겨 부드럽게 만든다.
2 믹서볼에 ①, 아몬드파우더, 설탕, 소금을 넣고 비터로 믹싱한다.
3 박력분을 넣고 한 덩어리가 될 때까지 믹싱한다.
4 체에 내려 실리콘 매트에 펼쳐 놓고 냉동고에서 30분 동안 휴지시킨다.
5 170℃ 컨벡션 오븐에서 10분 동안 굽는다.
- 데크 오븐일 경우 윗불 190℃, 아랫불 170℃ 오븐에서 10분 동안 굽는다.

D 프랄리네 크루스티양

1 볼에 카카오버터, 밀크초콜릿을 넣고 중탕으로 녹인 다음 헤이즐넛 프랄리네를 넣고 섞는다.
- 헤이즐넛 프랄리네는 아몬드 프랄리네로 대체해도 무방하다.

2 C(아몬드 크럼블), 파이테 푀이틴을 넣고 고무 주걱으로 섞는다.

E 바닐라 무스

생크림 600g, 설탕A 80g
바닐라 빈 2개, 노른자 240g
판젤라틴 18g, 물 60g
설탕B 180g, 흰자 100g
설탕C 20g

F 화이트 피스톨레

화이트초콜릿(33%) 150g
카카오버터 150g

G 미루아르 글라사주

물 110g, 설탕 224g, 물엿 224g
연유 150g, 판젤라틴 13g
화이트초콜릿(35%) 224g
미루아르 70g

마무리

초콜릿 장식물 적당량
식용 금박 적당량

E 바닐라 무스

1 냄비에 생크림, 설탕A 1/2, 바닐라 빈의 씨와 깍지를 넣고 끓인 뒤 불에서 내려 10분 동안 향을 우린다.
2 볼에 노른자, 남은 설탕A를 넣고 섞은 다음 체에 거른 ①을 넣고 섞는다.
3 다시 냄비에 옮겨 85℃까지 저어가며 가열해 앙글레즈 크림을 만들고 찬물에 불려 물기를 제거한 판젤라틴을 넣어 녹인다.
4 물과 설탕B를 118~121℃까지 끓여 시럽을 만든다.
5 믹서볼에 흰자, 설탕C를 넣고 90%까지 휘핑하다가 ④를 넣고 고속에서 휘핑해 이탈리안 머랭을 만든다.
6 ③에 ⑤를 2회에 걸쳐 나누어 넣으며 섞는다.

F 화이트 피스톨레

1 볼에 모든 재료를 넣고 중탕으로 녹인다.

G 미루아르 글라사주

1 냄비에 물, 설탕, 물엿을 넣고 끓인다.
2 연유, 찬물에 불려 물기를 제거한 판젤라틴을 넣고 섞는다.
3 볼에 화이트초콜릿을 넣고 ②를 부어 유화시킨다.
4 미루아르를 넣고 핸드블렌더로 섞는다.
5 표면에 랩을 밀착시키고 감싸 냉장고에서 12시간 동안 보관한다.

마무리

1 안지름 8㎝, 바깥지름 16㎝, 높이 4㎝ 크기의 링 모양 실리콘 몰드에 몰드에서 뺀 B(무알뢰 캐러멜), D(프랄리네 크루스티앙) 120g을 차례대로 넣고 윗면을 평평하게 정리해 냉동고에서 굳힌다.
2 안지름 6㎝, 바깥지름 18㎝, 높이 5㎝ 링 모양 실리콘 몰드에 E(바닐라 무스)를 350g씩 넣은 다음 몰드에서 뺀 ①을 넣어 윗면을 평평하게 정리하고 냉동고에서 굳힌다.
 • 실리콘 몰드는 실리코마트사(社)의 SAVARIN 180을 사용했다.
3 몰드에서 빼 겉면에 35~40℃로 온도를 맞춘 F(화이트 피스톨레)를 분사하고 35~40℃로 온도를 맞춘 G(미루아르 글라사주)를 입힌다.
4 초콜릿 장식물, 식용 금박으로 장식한다.

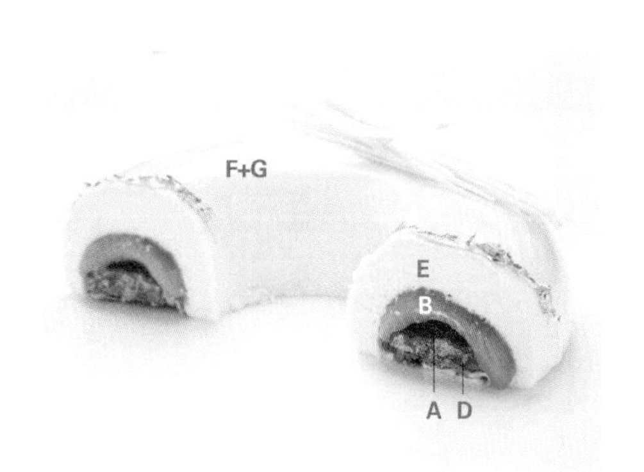

A 초콜릿 비스퀴
B 무알뢰 캐러멜
D 프랄리네 크루스티앙
E 바닐라 무스
F 화이트 피스톨레
G 미루아르 글라사주

VERRINE aux Fraises et Kirsch 키르슈 딸기 베린

350㎖ 용량 유리컵 5개 분량

A 초콜릿 비스퀴

노른자 72g, 설탕A 36g
흰자 108g, 설탕B 75g
코코아파우더 30g

B 키르슈 레제 시럽

물 275g, 설탕 390g
키르슈 55g, 딸기 540g
바질 잎 22g

C 아몬드 바바루아 크림

아몬드 56g, 우유 112g
생크림A 75g, 달걀 38g, 설탕 56g
판젤라틴 2g, 생크림B 188g

마무리

데코스노우 적당량
민트 잎 적당량

A 초콜릿 비스퀴

1 믹서볼에 노른자, 설탕A를 넣고 고속에서 뽀얗게 될 때까지 휘핑한다.
2 흰자에 설탕B를 조금씩 넣어가며 휘핑해 단단한 머랭을 만든다.
3 ①에 ②의 일부를 넣고 섞은 다음 체 친 코코아파우더를 넣고 섞는다.
4 남은 ②를 넣고 고무 주걱으로 고루 섞는다.
5 30×40㎝ 크기의 철팬에 1㎝ 높이로 팬닝한다.
6 180℃로 예열한 컨벡션 오븐에 넣고 오븐의 온도를 170℃로 낮춰 15분 동안 굽는다.
- 데크 오븐일 경우 윗불 190℃, 아랫불 180℃ 오븐에서 15분 동안 굽는다.

7 1㎝ 크기의 큐브 모양으로 자른다.

B 키르슈 레제 시럽

1 냄비에 물, 설탕을 넣고 끓여 시럽을 만든 뒤 식힌다.
2 키르슈, 1㎝ 크기의 큐브 모양으로 자른 딸기, 잘게 썬 바질 잎을 넣고 섞는다.
3 냉장고에서 6시간 이상 보관한다.

C 아몬드 바바루아 크림

1 실리콘 페이퍼를 깐 철팬에 아몬드를 펼쳐 넣은 다음 160℃ 오븐에서 10분 동안 굽고 식혀 분태로 만든다.
2 냄비에 우유, 생크림A를 넣고 끓인 뒤 불에서 내려 ①을 넣고 10분 동안 향을 우린다.
3 볼에 달걀, 설탕을 넣고 거품기로 가볍게 휘핑한 다음 ②를 붓고 섞는다.
4 체에 걸러 다시 냄비에 넣고 실리콘 주걱으로 저어가며 85℃까지 가열한다.
5 불에서 내려 찬물에 불려 물기를 제거한 판젤라틴을 넣고 녹인 다음 20℃까지 식힌다.
6 휘핑한 생크림B를 넣고 섞는다.

마무리

1 350㎖ 용량의 유리컵에 B(키르슈 레제 시럽)를 2/3 높이까지 넣는다.
2 짤주머니에 넣은 C(아몬드 바바루아 크림)를 시럽과 섞이지 않도록 주의하며 짜 넣는다.
3 A(초콜릿 비스퀴)를 소복하게 올린다.
4 데코스노우를 뿌리고 민트 잎으로 장식한다.

A 초콜릿 비스퀴
B 키르슈 레제 시럽
C 아몬드 바바루아 크림

AVRICOT

아브리코

지름 6.5㎝, 높이 5㎝ 원형 무스케이크 틀 10개 분량

A 무알뢰 비스퀴
흰자 270g, 설탕 200g, 노른자 220g
박력분 120g, 베이킹파우더 3g
우유 80g, 버터 60g
노란색 식용 색소 3g

B 바닐라 바바루아 크림
우유 130g, 생크림A 130g
설탕 150g, 바닐라 빈 2개
노른자 124g, 판젤라틴 12g
생크림B 480g

C 살구 로즈메리 콩포트
버터 37g, 설탕 48g
살구(통조림) 250g, 로즈메리 4g

D 마스카르포네 크림
생크림 450g, 판젤라틴 3g
미분당 54g, 마스카르포네 110g

마무리
초콜릿 장식물 적당량
로즈메리 적당량, 식용 금박 적당량

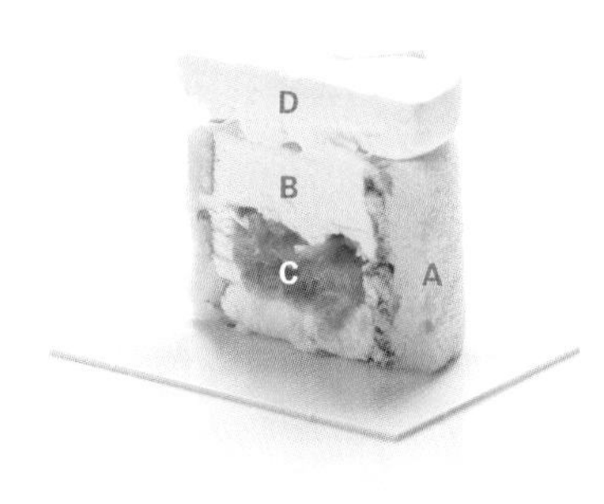

A 무알뢰 비스퀴

1 믹서볼에 흰자, 설탕을 넣고 휘핑한다.
2 노른자를 넣고 섞은 뒤 함께 체 친 박력분, 베이킹파우더를 넣고 고무 주걱으로 가볍게 섞는다.
3 볼에 일부를 덜어 우유, 녹인 버터를 넣고 섞은 다음 남은 ②에 넣고 섞는다.
4 노란색 식용 색소를 넣고 섞은 다음 철팬에 팬닝해 170℃ 컨벡션 오븐에서 12분 동안 굽는다.

B 바닐라 바바루아 크림

1 냄비에 우유, 생크림A, 설탕 1/2, 바닐라 빈의 씨와 깍지를 넣고 끓인다.
2 볼에 노른자, 남은 설탕을 넣고 거품기로 가볍게 섞는다.
3 ①을 붓고 섞은 뒤 체에 걸러 다시 냄비에 옮긴다.
4 85℃까지 실리콘 주걱으로 저어가며 가열해 앙글레즈 크림을 만든다.
5 다른 볼에 옮긴 다음 찬물에 불려 물기를 제거한 판젤라틴을 넣고 녹인다.
6 25℃까지 식혀 휘핑한 생크림B를 넣고 섞는다.

C 살구 로즈메리 콩포트

1 팬에 버터를 넣고 녹인 뒤 설탕을 넣고 섞는다.
2 큐브 모양으로 자른 살구, 로즈메리를 넣고 졸인다.
3 지름 4㎝ 원형 실리콘 몰드에 채워 냉동고에서 굳힌다.

D 마스카르포네 크림

1 냄비에 생크림의 일부를 넣어 데운 뒤 찬물에 불려 물기를 제거한 판젤라틴을 넣고 녹인다.
2 볼에 옮기고 남은 생크림을 넣어 핸드블렌더로 섞은 다음 냉장고에서 2~4시간 동안 숙성시킨다.
3 미분당, 마스카르포네를 넣고 부드럽게 휘핑한다.
4 원형 모양깍지를 낀 짤주머니에 넣는다.
5 지름 6.5㎝ 원형 무스케이크 틀 안쪽에 무스 띠지를 두른 다음 ④를 불규칙한 크기의 원형으로 이어 짜고 냉동고에서 굳힌다.

마무리

1 지름 6.5㎝, 높이 5㎝ 원형 무스케이크 틀의 안쪽에 무스 띠지를 두른다.
2 A(무알뢰 비스퀴)를 틀의 바닥, 옆면 크기에 맞게 잘라 넣는다.
3 B(바닐라 바바루아 크림)를 틀의 2/3 높이까지 넣고 몰드에서 뺀 C(살구 로즈메리 콩포트)를 넣는다.
4 남은 B(바닐라 바바루아 크림)를 채우고 윗면을 평평하게 정리해 냉동고에서 굳힌다.
5 틀, 띠지를 제거하고 윗면에 틀에서 뺀 D(마스카르포네 크림)를 뒤집어 올린다.
6 초콜릿 장식물, 로즈메리, 식용 금박으로 장식한다.

•
A 무알뢰 비스퀴 B 바닐라 바바루아 크림
C 살구 로즈메리 콩포트 D 마스카르포네 크림

VERRINE
Jeju 제주 베린

지름 5㎝, 높이 7㎝ 유리컵 10개 분량

A 아몬드 크럼블

버터 80g, 아몬드파우더 105g
설탕 80g, 소금 1g, 박력분 80g

B 녹차 가나슈

우유 36g, 생크림 144g
꿀 7g, 녹차 가루 6g
화이트초콜릿(35%) 230g
버터 58g

C 현미 녹차 팍페 크림

생크림 340g, 현미 녹차 티백 3개
노른자 82g, 물 23g, 설탕 75g
판젤라틴 6g

D 땅콩 프랄리네

설탕 170g, 물엿 80g
땅콩 분태(볶은 것) 350g

A 아몬드 크럼블

1 14℃의 버터를 비닐에 넣고 감싼 다음 밀대로 두들겨 부드럽게 만든다.
2 믹서볼에 ①, 아몬드파우더, 설탕, 소금을 넣고 비터로 믹싱한다.
3 박력분을 넣고 한 덩어리가 될 때까지 믹싱한다.
4 체에 내려 냉동고에서 휴지시킨다.
5 실리콘 페이퍼를 깐 철팬에 펼쳐 넣고 170℃ 컨벡션 오븐에서 10분 동안 굽는다.
- 데크 오븐일 경우 윗불 190℃, 아랫불 170℃ 오븐에서 10분 동안 굽는다.

B 녹차 가나슈

1 냄비에 우유, 생크림을 넣고 끓인다.
2 꿀, 녹차 가루를 넣고 섞는다.
3 화이트초콜릿에 부어 유화시키고 40℃까지 식힌다.
4 포마드 상태의 버터를 넣고 핸드블렌더로 섞는다.
5 짤주머니에 넣어 지름 5㎝, 높이 7㎝ 유리컵에 1/4 높이(45g씩)까지 짜 넣고 냉장고에서 보관한다.

C 현미 녹차 팍페 크림

1 냄비에 생크림 1/2을 넣고 끓인 다음 불에서 내려 현미 녹차 티백을 넣고 10분 동안 향을 우린다.
2 남은 차가운 상태의 생크림을 넣어 섞고 식혀 냉장고에서 2시간 동안 보관한다.
3 믹서볼에 노른자를 넣고 고속에서 휘핑한다.
4 물과 설탕을 118~121℃까지 끓여 시럽을 만들고 ③에 부어 고속에서 30℃가 될 때까지 휘핑해 파트 아 봄브를 만든다.
5 찬물에 불려 물기를 제거하고 녹인 판젤라틴을 넣어 섞는다.
6 ②를 휘핑해 ⑤에 넣고 섞는다.

D 땅콩 프랄리네

1 냄비에 설탕, 물엿을 넣고 카라멜리제한다.
2 불에서 내려 땅콩 분태를 넣고 섞는다.
3 실리콘 매트에 펼쳐 붓고 식힌다.
4 분쇄기에 넣고 프랄리네 상태가 될 때까지 간다.

E 땅콩 크루스티양

밀크초콜릿(33%) 50g
다크초콜릿(55%) 50g
D(땅콩 프랄리네) 100g
A(아몬드 크럼블) 160g
파이테 푀이틴 80g
땅콩 분태(볶은 것) 30g

마무리

녹차 가루 적당량
식용 금박 적당량

E 땅콩 크루스티양

1 볼에 밀크초콜릿, 다크초콜릿을 넣어 중탕으로 녹이고 D(땅콩 프랄리네)를 넣어 섞는다.
2 A(아몬드 크럼블), 파이테 푀이틴, 땅콩 분태를 넣고 섞는다.
3 철팬에 1㎝ 높이로 넣어 윗면을 평평하게 정리한 다음 냉동고에서 굳힌다.
4 1㎝ 크기의 큐브 모양으로 자른다.

마무리

1 B(녹차 가나슈)에 짤주머니에 넣은 C(현미 녹차 팍페 크림)를 55g씩 짜 넣은 다음 냉장고에서 굳힌다.
2 E(땅콩 크루스티양)를 올리고 녹차 가루를 뿌린다.
3 식용 금박으로 장식한다

•
B 녹차 가나슈
C 현미 녹차 팍페 크림
E 땅콩 크루스티양

CRÈME CHIBOUST

크렘 시부스트

19세기 파리의 생토노레 거리에 제과점을 차린 유명 파티시에 '시부스트'는 본인의 파티스리가 있는 거리의 이름이자 수호 성인의 이름을 따 '생토노레'라는 과자를 개발했다. 바로 이 제품에 사용된 크림이 '크렘 시부스트(Crème Chiboust)'. 크렘 파티시에르에 머랭, 젤라틴을 섞어 만드는데 부드러우면서도 젤리처럼 가벼운 텍스처가 특징이다. 케이크나 타르트의 필링, 장식 크림으로 사용되며 표면에 설탕이나 미분당을 뿌리고 토치로 카라멜리제해 바삭한 식감을 내는 경우가 대부분이다. 한편, 크렘 시부스트는 탄생의 역사적 배경 때문에 '크렘 생토노레(Crème Saint-honoré)'라 불리기도 한다.

MAKE 크렘 시부스트 만들기

준비하기

- 스테인리스 재질의 냄비, 볼, 믹서볼, 거품기, 실리콘 주걱을 준비한다.
- 달걀은 노른자와 흰자를 분리해 상온 상태로 준비한다.
- 박력분, 옥수수 전분은 체 친다.
- 판젤라틴은 찬물에 넣어 처음 무게의 6배가 될 때까지 불린다.

포인트

- 크렘 파티시에르와 이탈리안 머랭을 섞을 때는 미생물이 증식하기 쉬운 온도(약 20~50℃)에 오래 머무르는 것을 피해야 한다. 따라서 크렘 파티시에르를 만들자마자 뜨거운 상태에서 머랭을 넣고 신속하게 섞는 것이 좋으며 만든 직후 틀에 넣거나 타르트 셸에 채워 4℃ 이하로 빠르게 식힌다.
- 혼자 작업할 때 효율성을 높이려면 먼저 이탈리안 머랭 만드는 작업을 시작한다. 흰자에 뜨거운 시럽을 넣고 중저속에서 휘핑하며 상온 상태로 식히는 동안 크렘 파티시에르를 만들면 작업 간의 속도를 적절하게 맞출 수 있다.
- 크렘 파티시에르를 먼저 만들었다면 머랭을 제조하는 동안 중탕으로 크렘 파티시에르의 온도를 따뜻하게 유지시킨다.
- 타르트에 충전할 경우 젤라틴을 넣지 않을 수 있으며 오븐에서 구워 색을 내기도 한다.

보관법

- 크렘 시부스트(시부스트 크림)는 보관해 사용할 수 없는 크림이다. 크림을 완성한 다음 바로 타르트 셸 또는 원하는 틀에 채워 4℃까지 식힌 뒤 24시간 내에 섭취하는 것이 위생적이다.

1 2
3 4

CRÈME CHIBOUST 크렘 시부스트

재료

흰자 80g
물 40g
설탕A 160g
우유 160g
생크림 40g
설탕B 40g
노른자 64g
박력분 10g
옥수수 전분 10g
판젤라틴 6g

만드는 방법

1 믹서볼에 흰자를 넣고 휘핑하다가 121℃까지 함께 끓인 물과 설탕A를 조금씩 나누어 넣으면서 고속에서 휘핑해 이탈리안 머랭을 만든다.
2 우유, 생크림, 설탕B, 노른자, 박력분, 옥수수 전분으로 크렘 파티시에르를 만든다.
3 불에서 내려 찬물에 불려 물기를 제거한 판젤라틴을 넣고 거품기로 섞는다.
4 ①을 2~3회에 걸쳐 나눠 넣고 거품기로 섞는다.

ABOUT 크렘 시부스트

크렘 시부스트에 넣는 머랭은 프렌치 머랭과 이탈리안 머랭 중 어떤 머랭을 사용해야 하나요?

두 머랭 다 사용할 수 있습니다. 하지만 최근에는 전체적인 크림의 볼륨과 위생적인 부분 때문에 이탈리안 머랭을 더 선호하는 추세입니다. 이탈리안 머랭은 흰자를 뜨거운 시럽으로 한 번 살균하는 과정을 거쳐 만들어지기 때문에 프렌치 머랭보다 위생적인 면에서 안전합니다. 머랭에 따라 약간의 식감 차이가 생기게 되는데 프렌치 머랭을 사용하면 가볍고 폭신폭신하며 입 안에서 무너지는 식감을 갖게 되고 이탈리안 머랭을 사용하게 되면 쫀쫀하고 부드러운 질감의 크림이 완성됩니다.

크렘 파티시에르가 몇 ℃일 때 머랭을 넣고 섞어야 하나요?

기본적으로 머랭을 섞는 시점은 크렘 파티시에르를 만든 뒤 바로입니다. 뜨거운 상태의 크렘 파티시에르에 머랭을 섞어야 흰자를 살균할 수 있고 특유의 비릿한 냄새도 잡을 수 있습니다. 또한 이때 섞으면 머랭이 빠르게 크렘 파티시에르에 분산돼 부드럽고 폭신한 식감의 크림이 완성됩니다. 단, 크렘 파티시에르에 비해 머랭의 비중이 가벼우므로 과하게 섞게 되면 머랭이 질어져 크림의 텍스처가 무거워지니 주의하세요.

젤라틴은 언제 넣는 것이 좋나요?

젤라틴은 크렘 파티시에르를 끓인 다음 바로 넣어 녹입니다. 이렇게 하면 크렘 파티시에르에 젤라틴이 고루 녹아 덩어리가 생기는 현상을 방지할 수 있습니다. 주의해야 할 점은 젤라틴을 섞은 뒤 머랭을 바로 넣고 섞어야 한다는 것입니다. 머랭을 넣지 않고 크림을 방치하면 겔화가 진행돼 표면이 말라버리고 머랭을 섞을 때 매끄럽게 섞이지 않아요. 따라서 크렘 파티시에르와 머랭 만드는 작업을 동시에 진행해 크렘 파티시에르에 젤라틴을 녹인 다음 바로 머랭을 넣고 섞어주세요.

리큐르를 넣어 맛에 변화를 주고 싶은데 크렘 파티시에르에 섞는 것이 좋을까요? 머랭에 섞는 것이 좋을까요?

크렘 파티시에르와 머랭을 함께 섞는 시점에 리큐르를 추가해주세요. 가열해야 하는 크렘 파티시에르나 뜨거운 시럽을 넣고 계속 휘핑해야 하는 이탈리안 머랭에 리큐르를 넣게 되면 리큐르의 풍부한 향이 휘발해버릴 수 있기 때문이에요. 크렘 시부스트는 크렘 파티시에르가 뜨거울 때 머랭을 넣고 섞으므로 이때 리큐르를 함께 섞으면 부담스러운 알코올의 향은 날아가고 리큐르의 향긋하고 부드러운 향만 남게 됩니다.

크렘 파티시에르에 휘핑한 생크림을 섞는 크렘 레제, 크렘 디플로마트와 비슷할 것 같은데 차이점이 뭔가요? 크렘 시부스트는 어떤 제품에 활용하는 것이 알맞나요?

크렘 시부스트는 생크림이 아닌 머랭을 넣어 만드는 크림이에요. 제조 과정에서 뜨거운 크렘 파티시에르로 인해 머랭 속 흰자의 단백질이 익고 이때 특유의 크림 구조가 형성됩니다. 이는 다른 크림과는 구별되는 가볍고 폭신한 식감을 만들어내요. 크렘 시부스트는 바삭함이 돋보이는 퓌이타주 반죽, 상큼한 과일 등과 잘 어울리므로 생토노레, 타르트 등에 활용할 수 있습니다.

* 머랭 3종 비교

구분		프렌치 머랭	스위스 머랭	이탈리안 머랭
배합	흰자	100	100	100
	설탕	100	200	200
	미분당	100		*물 50
분류		차가운 머랭	무거운 머랭	뜨거운 머랭
특징		머랭 + 미분당	45~50℃ 중탕	118~121℃ 시럽 제조
볼륨		중	소	대
사용		과자, 시트	과자, 장식	크림, 장식

TARTELETTE
Chiboust à l'Orange et Pécan
피칸 오렌지 시부스트 타르틀레트

지름 8㎝ 세르클 15개 분량

A 아몬드 사블레

버터 200g, 소금 3g
미분당 100g, 아몬드파우더 100g
달걀 85g, 박력분 400g

A 아몬드 사블레

1 믹서볼에 포마드 상태의 버터, 소금, 미분당을 넣고 저속에서 비터로 믹싱한다.
2 아몬파우더를 넣고 믹싱한 다음 달걀을 조금씩 나누어 넣으면서 믹싱한다.
3 체 친 박력분을 넣고 한 덩어리가 될 때까지 믹싱한다.
4 2㎜ 두께로 밀어 펴 냉장고에서 1시간 이상 휴지시킨다.

B 오렌지 패션 콩피

오렌지 과육 140g
오렌지 제스트 1개 분량
패션프루츠 퓌레 70g, 설탕 70g
펙틴 NH 4g, 판젤라틴 3g

B 오렌지 패션 콩피

1 냄비에 오렌지 과육, 오렌지 제스트, 패션프루츠 퓌레를 넣고 데운다.
2 함께 섞은 설탕, 펙틴 NH를 넣고 약불에서 끓인다.
3 끓기 시작하면 1분 동안 더 끓이고 불에서 내려 찬물에 불려 물기를 제거한 판젤라틴을 넣고 녹인다.
4 핸드블렌더로 섞고 냉장고에서 보관한다.

C 피칸 프랄리네

물 30g, 설탕 100g, 피칸 200g
바닐라 빈 1개

C 피칸 프랄리네

1 냄비에 물, 설탕을 넣고 117℃까지 끓여 시럽을 만든다.
2 피칸, 바닐라 빈의 씨를 넣고 카라멜리제한다.
3 실리콘 매트에 펼쳐 붓고 완전히 식힌다.
4 분쇄기에 넣어 간다.

/

D 피칸 크루스티양

C(피칸 프랄리네) 150g
피칸 분태 85g, 파이테 푀이틴 70g
소금 1g, 바닐라 빈의 씨 1/2개 분량

D 피칸 크루스티양

1 볼에 모든 재료를 넣고 섞는다.
* 피칸 분태는 철팬에 피칸을 펼쳐 넣고 160℃ 컨벡션 오븐에서 7~8분 동안 구운 것을 작게 잘라 사용한다.

E 시부스트 크림

물 40g, 설탕A 160g
흰자 80g, 우유 160g, 생크림 40g
오렌지 제스트 1개, 설탕B 40g
노른자 64g, 박력분 10g
옥수수 전분 10g, 판젤라틴 6g

E 시부스트 크림

1 냄비에 물, 설탕A를 넣고 121℃까지 끓인다.
2 믹서볼에 흰자를 넣고 휘핑하다가 ①을 조금씩 나누어 넣으면서 고속에서 휘핑해 이탈리안 머랭을 만든다.
* 머랭이 어느 정도 단단해지면 속도를 중속으로 줄여 휘핑한다.
3 다른 냄비에 우유, 생크림, 오렌지 제스트, 설탕B의 일부를 넣고 데운다.
4 볼에 노른자, 남은 설탕B, 박력분, 옥수수 전분을 넣고 거품기로 가볍게 섞은 뒤 ③을 붓고 섞는다.

F 달걀물

노른자 100g
생크림 25g

마무리

미루아르 적당량
황설탕 적당량
식용 금박 적당량

5 체에 걸러 다시 냄비에 옮기고 거품기로 저어가며 가열해 파티시에 크림을 만든다.
6 불에서 내려 찬물에 불려 물기를 제거한 판젤라틴을 넣고 거품기로 섞는다.
7 ②를 넣고 섞은 다음 지름 7㎝ 세르클에 채우고 윗면을 평평하게 정리해 냉동고에서 굳힌다.

F 달걀물

1 볼에 모든 재료를 넣고 섞은 뒤 체에 거른다.

마무리

1 지름 8㎝ 세르클에 세르클 크기에 맞게 자른 A(아몬드 사블레)를 퐁사주하고 160℃ 컨벡션 오븐에서 13분 동안 굽는다.
2 오븐에서 꺼내 E(달걀물)를 붓으로 바르고 다시 오븐에서 5분 동안 더 굽는다.
3 짤주머니에 넣은 C(피칸 프랄리네)를 6g씩 짠 다음 D(피칸 크루스티양)를 20g씩 넣어 윗면을 스패튤러로 평평하게 정리한다.
4 B(오렌지 패션 콩피)를 15~17g씩 넣고 윗면을 스패튤러로 평평하게 정리한 뒤 미루아르를 스패튤러로 얇게 바른다.
5 E(시부스트 크림)의 윗면에 황설탕을 뿌리고 토치로 그을려 카라멜리제한 다음 미루아르를 스패튤러로 얇게 바른다.
6 세르클에서 빼 ④의 윗면 가운데에 올린다.
7 식용 금박으로 장식한다.

A 아몬드 사블레
B 오렌지 패션 콩피
C 피칸 프랄리네
D 피칸 크루스티양
E 시부스트 크림

CRÈME AU CITRON

크렘 오 시트롱

크렘 오 시트롱(Crème au Citron)은 대표적인 프랑스 디저트 레몬 타르트에 채우는 크림이다. 고소한 버터의 풍미와 상큼한 레몬의 향이 어우러져 오랜 세월 남녀노소 모두에게 사랑받아 왔다. 달걀과 레몬, 설탕, 버터를 주재료로 하여 크렘 앙글레즈와 비슷한 방법으로 만들어지는데 우유 대신 레몬 주스, 버터가 들어가 텍스처는 다소 무거운 편이다.

MAKE 크렘 오 시트롱 만들기

준비하기

- 스테인리스 재질의 냄비, 볼, 거품기, 체, 실리콘 주걱, 핸드블렌더를 준비한다.
- 레몬은 반으로 잘라 즙을 내 레몬 주스를 만들고 껍질은 갈아 제스트로 만든다.
- 판젤라틴은 찬물에 넣어 처음 무게의 6배가 될 때까지 불린다.

포인트

- 신선한 레몬즙도 좋지만 시판용 레몬 퓌레를 사용하면 크림을 제조할 때마다 일정한 맛을 유지할 수 있다.
- 레몬 제스트를 함께 사용하면 레몬의 향을 더욱 극대화 할 수 있다.
- 크렘 오 시트롱(레몬 크림)을 끓일 때 강한 신맛을 중화시키고 싶다면 거품기를 사용할 수 있으며 실리콘 주걱을 썼을 경우에는 마지막에 핸드블렌더로 섞는다.
- 크림이 냄비 바닥에 눌어붙지 않도록 고루 저어가며 85~90℃까지 살균, 가열한다. 이때 납(Nappe) 상태를 확인해 텍스처를 맞춘다.
- 미생물의 번식을 억제하기 위해 크림은 완성한 뒤 바로 타르트 셸에 채우거나 철팬 또는 바트에 펼쳐 부어 표면에 랩을 밀착시키고 감싸 급속 냉동고에서 4℃까지 식힌다.
- 레몬 대신 다른 시트러스 계열의 과일로 응용할 수 있다.

보관법

- 밀폐 용기에 담아 냉장고에서 1주까지 보관할 수 있다. 냉동고에서는 한 달 이상 보관할 수 있다.
- 냉장고에서 보관한 크렘 오 시트롱은 거품기로 살짝 풀어 사용한다.

1 2 3
4

CRÈME AU CITRON 크렘 오 시트롱

재료

레몬 주스 150g	레몬 제스트 6g
설탕 200g	달걀 200g
버터 220g	판젤라틴 4g

만드는 방법

1 냄비에 레몬 주스, 설탕 1/2, 버터, 레몬 제스트를 넣고 끓인 다음 함께 섞은 달걀, 남은 설탕에 붓고 거품기로 섞는다.
2 체에 걸러 다시 냄비에 옮기고 약불에서 실리콘 주걱으로 저어가며 83~85℃까지 가열한다.
3 찬물에 불려 물기를 제거한 판젤라틴을 넣고 녹인다.
4 핸드블렌더로 매끄럽게 섞는다.

ABOUT 크렘 오 시트롱

크림을 끓일 때 버터를 나중에 넣어도 되나요?

끓인 크림에 포마드 상태의 버터를 넣고 섞는 방법도 있습니다. 하지만 버터를 처음부터 레몬 주스, 달걀과 함께 넣고 끓이면 버터의 향이 달걀의 비린내를 효과적으로 제거하므로 이 방법을 더 추천합니다. 더욱이 버터의 지방구가 레몬의 향을 가둬 레몬 특유의 상큼한 맛을 잘 표현할 수 있습니다.

크렘 오 시트롱을 만들 때 어느 상태까지 끓여야 하나요?

83~85℃까지 끓여주세요. 이때 단순히 온도를 맞추기보다는 나페(Napper)로 크림의 상태를 확인하는 것이 좋습니다. 크렘 오 시트롱을 실리콘 주걱에 묻히고 손가락으로 一자를 그렸을 때 크림이 밑으로 흐르지 않고 형태를 유지하면 완성이에요. 이 상태까지 끓여야 크림이 식었을 때 줄줄 흐르지 않아 작업하기 한결 수월하고 크림 속 달걀도 살균돼 달걀 특유의 비린내를 잡을 수 있어요.

크렘 오 시트롱에서 쇠 맛이 나요. 왜 그런 건가요?

레몬즙의 산성도는 약 pH2.2~3으로 강한 산성을 띱니다. 이러한 산 성분이 철이나 알루미늄과 같은 금속 소재를 만나면 반응을 일으켜 특유의 비릿한 쇠 맛, 떫은맛을 유발하지요. 때문에 크렘 오 시트롱을 만들 때 도구의 선택은 매우 중요한 포인트예요. 양은냄비를 쓰거나 너무 과도하게 거품기로 휘핑하면 크림에 쇠 맛이 배어버려 좋지 않은 맛이 납니다. 거품기보다는 실리콘 재질의 주걱을, 내식성이 우수한 스테인리스 냄비와 볼, 또는 유리로 된 볼을 사용할 것을 권장합니다.

크렘 오 시트롱의 신맛을 부드럽게 만들고 싶어요.

완성된 크림을 핸드블렌더로 다시 섞으면 크림 속에 미세한 기포가 들어가 조금 더 부드럽고 은은한 신맛의 크렘 오 시트롱을 만들 수 있어요. 이밖에도 최근에는 크렘 오 시트롱에 화이트초콜릿을 섞어 단맛을 높이고 신맛을 줄이며 크림의 전반적인 보형성을 개선하기도 해요.

크렘 오 시트롱을 만든 다음 왜 빠르게 식혀야 하나요?

온도에 따라 성장 가능한 세균의 종류는 매우 다양한데 10℃ 이하에서는 세균의 증식이 저하되고 10~60℃ 사이에서 미생물이 잘 자라며 60℃ 이상이 되면 대부분의 세균이 사멸합니다. 특히 20~45℃ 사이의 온도대는 식중독균이 자라기 쉬운 온도 범위로 크림을 이 범위의 온도로 오랜 시간 방치하면 공기 중의 세균이 크림에 혼입돼 증식할 위험이 매우 높아진답니다. 따라서 급속 냉동고 또는 냉동고를 이용해 신속하게 세균이 자라기 어려운 온도로 식히는 것이 중요해요. 「대량 조리시설 위생관리 매뉴얼」에서는 조리한 식품을 30분 이내에 20℃ 이하, 60분 이내에 10℃ 이하의 온도로 관리하도록 하고 있어요.

크렘 오 시트롱은 크렘 파티시에르와 만드는 방법이 비슷한 것 같은데 왜 보관 기간은 더 긴가요?

대부분의 세균은 pH4.5 이하에서 성장이 저하되며 특히 레몬과 같은 고산성 식품(pH3.7 이하)에서는 증식이 어려워요. 그러므로 우유로 만드는 크렘 파티시에르보다 레몬즙(또는 퓌레)으로 만든 크렘 오 시트롱의 보관 기간이 조금 더 긴 것이지요. 일반적으로 크렘 오 시트롱은 레몬 타르트에 가장 많이 쓰이는 크림으로 만든 다음 바로 타르트 셸에 부어 냉동고에서 식히는 경우가 많아요. 하지만 단독으로 크림을 보관한다면 크렘 파티시에르와 마찬가지로 표면에 랩을 밀착시키고 급속 냉동고에서 빠르게 4℃까지 식혔다가 냉장고로 옮겨 보관하면 됩니다. 냉장고에서는 일주일까지 보관할 수 있는데 가급적 2~3일 내에 소진하는 것이 바람직합니다.

레몬 대신 다른 시트러스 계열의 과일로도 크림을 만들 수 있나요? 방법은 무엇인가요?

레몬 외에도 오렌지, 라임, 유자 등의 감귤류 과일을 이용해 크림을 만들 수 있습니다. 만드는 방법은 크렘 오 시트롱을 만드는 방법과 같지만 오렌지의 경우 레몬보다 단맛은 높고 신맛이 부족해 동일한 레시피로 만들게 된다면 그 맛이 조화롭지 못할 수 있어요. 이 경우 레몬즙을 첨가하거나 설탕의 양을 줄이는 것이 좋습니다. 과일이 가지고 있는 당도에 따라 설탕의 양을 조절하거나 산미가 부족하다면 신맛을 낼 수 있는 레몬즙 등의 재료를 추가해 전체적인 맛의 밸런스를 맞춰주세요.

TARTELETTE
au Citron 레몬 타르틀레트

길이 12㎝, 높이 2㎝ 정사각형 타르트 틀 8개 분량

A 아몬드 사블레
버터 300g, 소금 5g, 미분당 185g
아몬드파우더 62g, 바닐라파우더 2g
달걀 100g, 박력분 500g

B 레몬 크림
레몬 주스 150g, 설탕 200g
버터 220g, 레몬 제스트 6g
달걀 200g, 판젤라틴 4g

C 레몬 이탈리안 머랭
물 30g, 설탕A 110g, 흰자 65g
설탕B 25g, 레몬즙 15g, 판젤라틴 1g

D 나파주 뉴트르(스프레이용)
미루아르 뉴트르 200g, 물 20g, 물엿 20g

마무리
달걀물 적당량, 레몬 제스트 적당량
식용 금박 적당량

A 아몬드 사블레
B 레몬 크림 C 레몬 이탈리안 머랭

A 아몬드 사블레

1 믹서볼에 14℃로 온도를 맞춘 버터, 소금, 함께 체 친 미분당, 아몬드파우더, 바닐라파우더를 넣고 비터로 믹싱한다.
2 상온 상태의 달걀을 조금씩 나누어 넣으며 믹싱한다.
3 박력분 1/4을 넣고 믹싱한 다음 남은 박력분을 넣고 한 덩어리가 될 때까지 믹싱한다.
4 2장의 이형지 사이에 반죽을 놓고 2~2.2㎜ 두께로 밀어 편다.
5 냉장고에서 1시간 동안 휴지시킨다.

B 레몬 크림

1 냄비에 레몬 주스, 설탕 1/2, 버터, 레몬 제스트를 넣고 끓인다.
2 볼에 달걀, 남은 설탕을 넣고 거품기로 섞는다.
3 ①을 붓고 거품기로 섞은 뒤 체에 걸러 다시 냄비에 옮긴다.
4 약불에서 실리콘 주걱으로 저어가며 83~85℃까지 가열한다.
5 찬물에 불려 물기를 제거한 판젤라틴을 넣고 녹인 다음 핸드블렌더로 섞는다.
6 표면에 랩을 밀착시키고 감싸 냉장고에서 12시간 동안 보관한다.

C 레몬 이탈리안 머랭

1 냄비에 물, 설탕A를 넣고 118℃까지 끓인다.
2 믹서볼에 흰자, 설탕B를 넣고 90%까지 휘핑한다.
3 ①을 조금씩 나누어 넣으면서 휘핑해 단단한 머랭을 만든다.
4 레몬즙, 찬물에 불려 물기를 제거하고 녹인 판젤라틴을 넣고 섞는다.
5 30℃가 될 때까지 휘핑하며 식힌다.

D 나파주 뉴트르

1 냄비에 모든 재료를 넣고 80℃까지 가열한다.

마무리

1 길이 12㎝, 높이 2㎝ 크기의 정사각형 타르트 틀에 틀 크기에 맞게 자른 A(아몬드 사블레)를 넣고 퐁사주한다.
2 160℃ 컨벡션 오븐에서 15분 동안 굽고 식혀 틀을 제거한 다음 달걀물을 붓으로 바르고 5분 동안 더 구워 식힌다.
3 부드럽게 푼 B(레몬 크림)를 채워 스패튤러로 윗면을 평평하게 정리한다.
4 남은 B(레몬 크림)를 지름 1㎝ 원형 모양깍지를 낀 짤주머니에 넣고 윗면에 물방울 모양으로 이어 짠 다음 실리콘 페이퍼를 올려 살짝 누르고 냉동고에서 굳힌다.
5 80℃로 온도를 맞춘 D(나파주 뉴트르)를 스프레이건에 넣고 겉면에 분사한다.
6 C(레몬 이탈리안 머랭)를 지름 1㎝ 원형 모양깍지를 낀 짤주머니에 넣고 크림 사이사이에 물방울 모양으로 뾰족하게 짠다.
7 레몬 제스트, 식용 금박으로 장식한다.

SUPPLEMENT

한눈에 보는 크림 도표

크림 응용법

한눈에 보는 크림 도표

크림	주재료	용도	특징
크렘 샹티이	생크림, 설탕	케이크 아이싱 및 샌드용, 짜기	휘핑 정도에 따라 용도가 다름. ***크렘 푸에테**: 생크림만을 휘핑한 것.
크렘 파티시에르	우유, 노른자, 설탕, 전분	슈, 다른 크림의 베이스	커스터드 크림, 페이스트리 크림이라고도 불리며 밀도가 진함.
크렘 앙글레즈	우유, 노른자, 설탕	푸딩, 아이스크림, 젤리, 소스, 다른 크림의 베이스	텍스처가 되직하며 사용 빈도가 높음.
크렘 오 뵈르 아 라 **머랭그 이탈리엔느**	이탈리안 머랭 + 버터	케이크 아이싱 및 샌드용, 레이어 케이크	보형성이 좋고 가벼우면서 산뜻함.
크렘 오 뵈르 아 라 **파트 아 봄브**	파트 아 봄브(노른자, 시럽) + 버터	파리 브레스트, 앙트르메	맛이 깊고 진함.
크렘 오 뵈르 아 라 **크렘 앙글레즈**	크렘 앙글레즈(우유, 노른자, 설탕) + 버터	레이어 케이크, 마카롱	수분이 많아 부드럽게 녹아드는 식감.
크렘 다망드	버터, 달걀, 설탕, 아몬드파우더, 럼	구움과자, 파이, 타르트 등에 채워 굽는 크림	볼륨이 적고 저장성이 강함.
크렘 가나슈	초콜릿(1) + 생크림(1)	앙트르메, 타르트, 봉봉 초콜릿	입 안에서 부드럽게 녹아듦. ***가나슈 몽테**: 가나슈에 생크림을 넣고 냉장고에서 숙성한 뒤 휘핑해 사용하는 크림.
크렘 디플로마트	크렘 파티시에르(2) + 크렘 푸에테(1) + 젤라틴	무스케이크, 밀푀유, 생토노레, 슈	보형성이 좋고 크렘 파티시에르보다 가벼운 식감. ***크렘 레제**: 크렘 파티시에르와 크렘 푸에테를 2:1의 비율로 섞은 것.
크렘 무슬린	크렘 파티시에르(2) + 버터 또는 크렘 오 뵈르(1)	버터 크림 케이크, 무스케이크, 파리 브레스트, 밀푀유	섬유처럼 가볍고 부드러운 텍스처.
크렘 프랑지판	크렘 다망드(2) + 크렘 파티시에르(1)	타르트, 갈레트, 가토 바스크, 피티비에 등에 충전해 굽는 크림	촉촉하고 부드러운 질감.
크렘 크레뫼	크렘 앙글레즈 + 초콜릿 또는 버터	앙트르메, 타르트	가나슈보다 묽으면서 부드러움.
크렘 무스	크렘 앙글레즈 + 젤라틴 + 머랭	앙트르메, 프티 가토, 베린	가볍고 부드러운 텍스처. ***크렘 바바루아**: 크렘 앙글레즈 + 크렘 푸에테 + 젤라틴 ***크렘 팍페**: 파트 아 봄브 + 크렘 푸에테 + 젤라틴
크렘 시부스트	크렘 파티시에르 + 머랭	생토노레, 과일 타르트	가볍고 폭신한 질감.
크렘 오 시트롱	우유, 달걀, 설탕, 레몬 주스	레몬 타르트	고소한 버터 풍미와 새콤한 레몬 향이 나는 무거운 질감의 크림.

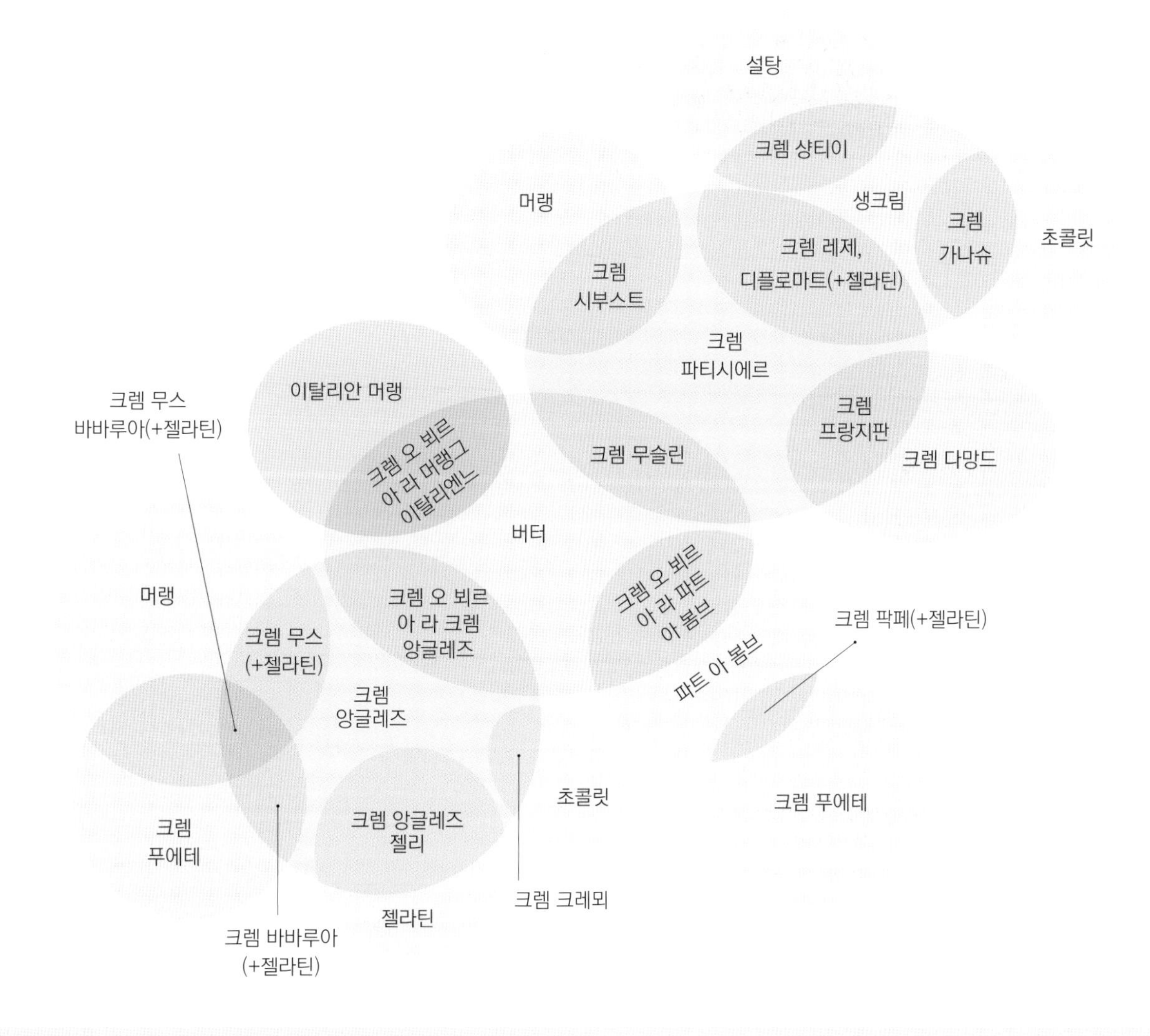
설탕
크렘 샹티이
머랭
생크림
크렘 가나슈
초콜릿
크렘 레제, 디플로마트(+젤라틴)
크렘 시부스트
크렘 파티시에르
이탈리안 머랭
크렘 무스 바바루아(+젤라틴)
크렘 오 뵈르 아 라 머랭그 이탈리엔느
크렘 무슬린
크렘 프랑지판
크렘 다망드
버터
머랭
크렘 오 뵈르 아 라 크렘 앙글레즈
크렘 오 뵈르 아 라 파트 아 봉브
크렘 팍페(+젤라틴)
크렘 무스 (+젤라틴)
파트 아 봉브
크렘 앙글레즈
초콜릿
크렘 푸에테
크렘 앙글레즈 젤리
크렘 푸에테
크렘 크레뫼
젤라틴
크렘 바바루아 (+젤라틴)

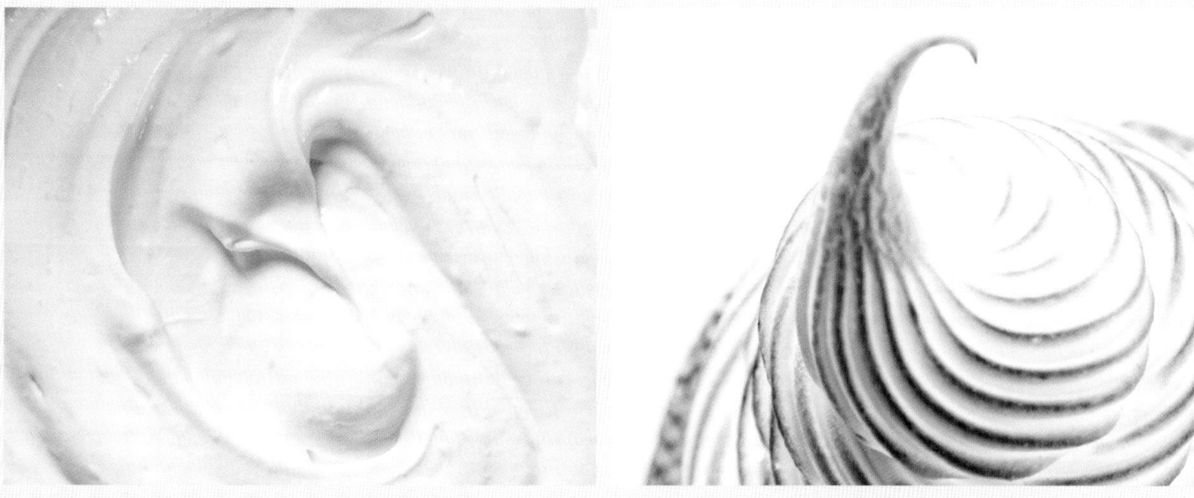

샹티이 크림

	생크림	우유	설탕	젤라틴
샹티이 크림	500g		50g	
다크초콜릿 샹티이 크림	600g(휘핑)	125g		
밀크초콜릿 샹티이 크림	500g(휘핑)			
화이트초콜릿 샹티이 크림	500g(휘핑)	160g		6g
판나코타1	500g		75~100g	6g
판나코타2	(A)500g, (B)500g(휘핑)		125g	10g
바바루아 크림 (노른자X)	(A)500g, (B)500g(휘핑)		75~100g	12g
부드러운 과일 바바루아 크림 (딸기, 산딸기, 망고, 복숭아, 배, 살구 등)	500g(휘핑)		75g	15g
상큼한 과일 바바루아 크림 (레몬, 오렌지, 패션프루츠, 블루베리 등)	500g(휘핑)		100g	14g
밤 바바루아 크림1	500g(휘핑)	200g		10g
밤 바바루아 크림2	(A)60g, (B)725g(휘핑)			8g
캐러멜 바바루아 크림	500g(휘핑)			10g
부드러운 과일 무스 크림(노른자 X) (귤, 바나나, 복숭아, 살구, 파인애플 등)	500g(휘핑)		170g	15g
상큼한 과일 무스 크림(레몬, 패션프루츠, 블루베리 등)	500g(휘핑)		175g	10g
딸기 무스 크림	500g(휘핑)			12g
코코넛 무스 크림	500g(휘핑)			11.5g

기타	전체 무게	만드는 방법
바닐라 농축액 추가	550g	차가운 생크림에 설탕을 넣고 부드럽게 휘핑한다.
다크초콜릿(70%) 250g, 카카오페이스트 25g	1000g	다크초콜릿과 카카오페이스트에 끓인 우유를 붓고 유화시킨다. 45~50℃까지 식혀 휘핑한 생크림을 넣고 섞는다.
밀크초콜릿(36%) 350g	850g	45~50℃로 녹인 밀크초콜릿에 휘핑한 생크림 1/3을 넣어 섞은 다음 남은 휘핑한 생크림에 넣어 섞는다.
화이트초콜릿(30%) 200g	866g	끓인 우유에 수화시킨 젤라틴을 넣어 녹이고 화이트초콜릿에 부어 유화시킨다. 25~30℃까지 식혀 휘핑한 생크림을 넣고 섞는다.
바닐라 빈 1/2개	600g	생크림, 설탕, 바닐라 빈을 함께 끓여 향을 우리고 수화시킨 젤라틴을 넣어 녹인다. 용기에 담아 냉장고에서 보관한다.
바닐라 빈 1/2개, 레몬 제스트 15g, 쿠앵트로 25g	1175g	생크림(A), 설탕, 바닐라 빈, 레몬 제스트를 끓여 향을 우린 다음 수화시킨 젤라틴을 넣어 녹이고 25℃까지 식힌다. 쿠앵트로를 넣고 휘핑한 생크림(B)와 섞는다.
기호에 맞게 향 추가	1100g	함께 끓인 생크림(A)와 설탕에 수화시킨 젤라틴을 넣어 녹이고 25~30℃까지 식힌다. 부드럽게 휘핑한 생크림(B)와 섞는다.
과일 퓌레 375g, 레몬 주스 17.5g	982g	과일 퓌레, 설탕, 레몬 주스를 60℃까지 데워 수화시킨 젤라틴을 넣어 녹이고 25~30℃까지 식혀 휘핑한 생크림과 섞는다.
과일 퓌레 175g	800g	과일 퓌레, 설탕을 60℃까지 데워 수화시킨 젤라틴을 넣어 녹이고 25~30℃까지 식혀 휘핑한 생크림과 섞는다.
밤 페이스트 150g, 밤 크림 150g, 럼 25g	1035g	끓인 우유에 수화시킨 젤라틴을 넣어 녹이고 밤 페이스트, 밤 크림, 럼과 함께 섞는다. 25~30℃까지 식혀 휘핑한 생크림과 섞는다.
밤 페이스트 400g, 밤 크림 200g, 럼 50g	1450g	끓인 생크림(A)에 수화시킨 젤라틴을 넣어 녹이고 60℃로 함께 데운 밤 페이스트, 밤 크림, 럼에 부어 섞는다. 휘핑한 생크림(B)를 넣고 섞는다.
캐러멜 베이스 250g	760g	35℃로 데운 캐러멜 베이스에 수화시켜 녹인 젤라틴을 넣어 섞고 휘핑한 생크림을 섞는다. • 캐러멜 베이스: 냄비에 물엿 100g을 넣고 녹인 다음 설탕150g을 넣고 카라멜리제한다. 생크림 125g, 물133g, 연유 125g, 소금 2g을 넣고 끓인다.
과일 퓌레 650g, 흰자 85g, 물 50g	1400g	과일 퓌레 1/2을 데워 수화시킨 젤라틴을 넣어 녹이고 나머지 과일 퓌레를 넣고 섞는다. 휘핑한 생크림과 흰자, 물, 설탕으로 만든 이탈리안 머랭을 차례대로 넣고 섞는다.
과일 퓌레 250g, 흰자 87g, 물 50g	1000g	위와 동일.
딸기 퓌레 675g, 이탈리안 머랭 200g, 레몬 주스 10g	1400g	위와 동일.
코코넛 퓌레(10% 가당) 500g, 이탈리안 머랭 250g, 코코넛 밀크 25g	1300g	위와 동일.

파티시에 크림

	우유	달걀	설탕	전분	유제품
파티시에 크림1	1000g	노른자 160~240g	150~300g	80g	버터 50~100g
파티시에 크림2	500g, 생크림 500g	200g	150g	80g	
과일 파티시에 크림		노른자 200g	150~200g	80g	
디플로마트 크림	500g	노른자 120g	125g	40g	생크림(휘핑) 500g
커피 디플로마트 크림	파티시에 크림 1400g				생크림(휘핑) 1000g
크라클랭 디플로마트 크림	파티시에 크림 500g				생크림(휘핑) 500g
다크초콜릿 크림(앙트르메용)	파티시에 크림 200g				생크림(휘핑) 1000g
화이트초콜릿 디플로마트 크림	파티시에 크림 300g				생크림(휘핑) 1000g
무슬린 크림1	500g	100g	150g	40~50g	버터 250g
무슬린 크림2	파티시에 크림 750g				버터 250g
이탈리안 머랭 무슬린 크림	500g	150g	65g	50g	버터 250g
리큐르 무슬린 크림	파티시에 크림 600g				버터 350g
버터 크림을 더한 무슬린 크림	파티시에 크림 350g				
과일, 버터 크림을 더한 무슬린 크림	파티시에 크림 125g				

기타	전체 무게	만드는 방법
바닐라 빈 1개	1500g	노른자, 설탕 1/2, 전분을 함께 섞는다. 함께 끓인 우유, 남은 설탕, 바닐라 빈을 붓고 섞은 다음 체에 걸러 다시 냄비에 옮겨 약불에서 끓인다. 버터를 넣고 식힌다.
	1400g	위와 동일.
과일 퓌레 500g	1400g	파티시에 크림 공정과 동일하나 과일의 산도와 고형분 함량에 따라 배합비를 조절한다.
젤라틴 7.5g	1292g	우유, 노른자, 설탕, 전분으로 파티시에 크림을 끓여 35~40℃까지 식힌 다음 수화시킨 젤라틴을 녹여 넣고 섞는다. 휘핑한 생크림과 섞는다.
인스턴트 커피 40g, 젤라틴 10g	2400g	35~40℃까지 데운 파티시에 크림에 인스턴트 커피, 수화시켜 녹인 젤라틴을 넣고 섞는다. 휘핑한 생크림과 섞는다.
헤이즐넛 프랄리네 200g, 젤라틴 5g, 파이테 푀이틴 200g	1405g	부드럽게 푼 파티시에 크림과 헤이즐넛 프랄리네를 섞는다. 수화시킨 젤라틴을 녹여 섞고 파이테 푀이틴, 휘핑한 생크림을 차례대로 섞는다.
다크초콜릿(50%) 400g	1600g	상온 상태의 파티시에 크림을 부드럽게 풀고 녹인 다크초콜릿을 넣어 섞는다. 휘핑한 생크림을 넣어 섞고 바로 사용한다.
젤라틴 5g, 화이트초콜릿(30%) 500g	1800g	상온 상태의 파티시에 크림을 부드럽게 풀고 수화시킨 젤라틴을 녹여 섞는다. 녹인 화이트초콜릿, 휘핑한 생크림을 차례대로 넣고 섞는다.
바닐라 빈 1/2개	1000g	우유, 달걀, 설탕, 전분, 바닐라 빈으로 파티시에 크림을 만든 다음 버터 1/2을 넣어 섞고 식힌다. 부드러운 상태의 남은 버터를 넣고 휘핑한다.
기호에 맞게 향 추가	1000g	버터를 휘핑해 부드럽게 푼 상온의 파티시에 크림을 조금씩 나눠 넣으며 섞는다. 다양한 향 재료를 첨가한다.
이탈리안 머랭 150g	1165g	위와 동일. 마지막에 이탈리안 머랭을 넣고 섞는다.
리큐르 100g, 이탈리안 머랭 200g	1250g	포마드 상태의 버터를 휘핑해 상온의 파티시에 크림을 조금씩 나눠 넣고 섞는다. 리큐르, 이탈리안 머랭을 넣고 섞는다.
버터 크림 1000g	1350g	부드러운 상태의 버터 크림에 상온의 파티시에 크림을 조금씩 나눠 넣으면서 섞는다.
과일 퓌레 250g, 버터 크림 500g	875g	상온의 파티시에 크림을 부드럽게 풀고 데운 과일 퓌레와 섞는다. 버터 크림을 넣고 섞는다.

파티시에 크림

	우유	달걀	설탕	전분	유제품
프랄리네 무슬린 크림	파티시에 크림 750g				버터 500g
시부스트 크림	1000g	흰자 250~500g, 노른자 250g	(A)300g, (B)50g	80g	
요거트 시부스트 크림	750g	흰자 380g	500g	140g	버터 160g, 요거트 800g
부드러운 과일 시부스트 크림 (귤, 살구, 복숭아, 산딸기, 딸기 등)		노른자 200g, 흰자 300g	(A)100g, (B) 200g	30g	생크림 250g
상큼한 과일 시부스트 크림 (레몬, 패션프루츠, 오렌지 등)		350g, 흰자 500g	(A)200g, (B)500g	60g	생크림 350g
레몬 크림		375g	250g	15g	버터 250g
오렌지 크림		375g, 노른자 80g	150g	30g	버터 150g
패션프루츠 크림		375g	200g	20g	버터 250g

기타	전체 무게	만드는 방법
견과류 프랄리네 250g	1500g	포마드 상태의 버터에 견과류 프랄리네를 넣어 섞는다. 부드럽게 푼 상온 상태의 파티시에 크림을 넣어 섞고 휘핑한다.
젤라틴 12g	1900g	흰자와 설탕(A), 물(분량 외)로 이탈리안 머랭을 만든다. 우유, 노른자, 설탕(B), 전분으로 파티시에 크림을 만들고 수화시킨 젤라틴을 넣어 녹인다. 이탈리안 머랭을 넣고 섞는다.
레몬 제스트 25g, 젤라틴 20g, 물 150g	2700g	우유, 전분, 레몬 제스트, 버터, 요거트로 파티시에 크림을 만든다. 흰자, 설탕, 물로 이탈리안 머랭을 만들고 파티시에 크림과 섞는다. 수화시켜 녹인 젤라틴을 넣고 섞는다.
과일 퓌레 450g, 젤라틴 16g, 물 90g	1400g	생크림, 과일 퓌레, 노른자, 설탕(A), 전분으로 파티시에 크림을 만든다. 수화시킨 젤라틴을 넣고 녹인 다음 흰자, 설탕(B), 물로 만든 이탈리안 머랭을 넣어 섞는다.
레몬 주스 500g, 젤라틴 12g, 물 150g	2400g	위와 동일.
레몬 주스 150g, 레몬 제스트 3개 분량	1000g	레몬 주스, 레몬 제스트, 버터를 함께 끓여 달걀, 설탕, 전분과 함께 섞는다. 다시 1분 동안 끓여 냉장고에서 보관한다.
오렌지 주스 300g, 오렌지 제스트 3개 분량	1000g	위와 동일.
패션프루츠 주스 200g	1000g	위와 동일.

앙글레즈 크림

	우유	생크림	노른자	설탕
앙글레즈 크림	500g		80~150g	50~100g
생크림 베이스 앙글레즈 크림		500g	80~200g	50~125g
과일 앙글레즈 크림		500g	200g	250g
초콜릿 앙글레즈 크림1(프티 푸용)	300g	300g	80g	100g
초콜릿 앙글레즈 크림2(타르트, 프티 푸용)	350g	540g	200g	130g
바바루아 크림 응용1 (꿀, 차, 레몬, 민트, 럼, 키르슈 등)	500g	500g(휘핑)	125~175g	100~150g
바바루아 크림 용용2 (화이트 와인, 샴페인 등)		750g(휘핑)	160g	25g 꿀 50g
살구 바바루아 크림		700g(휘핑)	200g	175g
오렌지 바바루아 크림		500g(휘핑)	200g	150~200g
패션프루츠 바바루아 크림		800g(휘핑)	175g	300g
사과 바바루아 크림		1000g(휘핑)	200g	500g
꿀 바바루아 크림	500g	500g(휘핑)	125g	꿀(A) 50g, 꿀(B) 350g
아몬드 바바루아 크림	500g	500g(휘핑)	150g	
다크초콜릿 바바루아 크림1	500g	500g(휘핑)	150g	100g
다크초콜릿 바바루아 크림2	500g	800g(휘핑)	200g	150g
밀크초콜릿 바바루아 크림	500g	600g(휘핑)	125g	

기타	전체 무게	만드는 방법
바닐라 빈 1/2개	650g	노른자와 설탕을 섞고 함께 끓인 우유, 바닐라 빈을 넣고 섞는다. 냄비에 옮겨 저어가며 85℃까지 가열한다.
바닐라 빈 1/2개	650g	위와 동일.
과일 퓌레 500g	1450g	위와 동일.
다크초콜릿(70%) 400~500g	1100g	우유, 생크림, 노른자, 설탕을 85℃까지 가열해 잉글레즈 크림을 만들고 다크초콜릿에 부어 핸드블렌더로 유화시킨다. 24시간 동안 휴지시킨다.
다크초콜릿(64%) 700g	1920g	우유, 생크림, 노른자, 설탕을 85℃까지 가열해 앙글레즈 크림을 만들고 다크초콜릿에 부어 핸드블렌더로 유화시킨다.
젤라틴 12g, 기호에 맞게 향 추가	1350g	우유, 노른자, 설탕, 꿀로 앙글레즈 크림을 만든 뒤 수화시킨 젤라틴을 넣고 녹인다. 25~30℃까지 식혀 휘핑한 생크림, 향 재료 등을 넣고 섞는다.
화이트 와인 500g, 젤라틴 15g, 코냑 50g	1600g	화이트 와인, 노른자, 설탕으로 앙글레즈 크림을 만든 다음 수화시킨 젤라틴을 넣고 녹인다. 25~30℃까지 식혀 휘핑한 생크림, 코냑을 차례대로 넣고 섞는다.
살구 퓌레 500g, 젤라틴 20g, 살구 리큐르 75g	1650g	살구 퓌레, 노른자, 설탕으로 앙글레즈 크림을 만든 다음 수화시킨 젤라틴을 넣고 녹인다. 25~30℃까지 식혀 휘핑한 생크림, 살구 리큐르를 넣고 섞는다.
오렌지 제스트 1개 분량 또는 오렌지 농축액 50g, 오렌지 주스 500g, 젤라틴 14g	1500g	위와 동일.
패션프루츠 퓌레 500g, 전지 분유 40g, 물 160g, 젤라틴 20g	2000g	패션프루츠 퓌레, 전지 분유, 물, 노른자, 설탕으로 앙글레즈 크림을 만든 뒤 수화시킨 젤라틴을 넣고 녹인다. 25~30℃까지 식혀 휘핑한 생크림을 넣고 섞는다.
시드르 750g, 사과 마멀레이드 200g, 젤라틴 17g, 칼바도스 130g, 살구 조각(통조림) 250g	2800g	시드르를 500g이 될 때까지 약불에서 가열한다. 사과 마멀레이드, 노른자, 설탕을 넣고 85℃까지 가열해 앙글레즈 크림을 만들고 수화시킨 젤라틴을 넣어 녹인다. 25~30℃까지 식혀 칼바도스, 살구 조각, 휘핑한 생크림을 넣고 섞는다.
젤라틴 20g	1545g	우유, 노른자, 꿀(A)를 85℃까지 가열해 앙글레즈 크림을 만들고 수화시킨 젤라틴, 꿀(B)를 넣고 섞는다. 25~30℃까지 식혀 휘핑한 생크림을 넣고 섞는다.
아몬드 T.P.T 200g, 젤라틴 10g, 아몬드 시럽 50g	1450g	끓인 우유에 아몬드 T.P.T를 넣고 24시간 동안 향을 우린다. 체에 걸러 노른자를 넣고 85℃까지 가열해 앙글레즈 크림을 만든다. 수화시킨 젤라틴을 넣고 녹인 다음 25~30℃까지 식혀 휘핑한 생크림, 아몬드 시럽을 넣고 섞는다.
다크초콜릿(50%) 200g, 젤라틴 10g	1460g	우유, 노른자, 설탕으로 앙글레즈 크림을 만들고 다크초콜릿, 수화시킨 젤라틴에 부어 유화시킨다. 25~30℃까지 식혀 휘핑한 생크림을 넣고 섞는다.
다크초콜릿(50%) 500g, 젤라틴 8g	2158g	위와 동일.
밀크초콜릿(36%) 500g, 젤라틴 12g	1737g	위와 동일.

앙글레즈 크림

	우유	생크림	노른자	설탕
잔두야 바바루아 크림	500g	800g(휘핑)	125g	
화이트초콜릿 바바루아 크림		(A)300g (B)400g(휘핑)	125g	50g
배 무스 바바루아 크림		300g(휘핑)	160g	이탈리안 머랭 188g
패션프루츠 무스 크림		300g	240g, 흰자 300g	(A)75g, (B)225g
캐러멜 무스 크림		800g	160g, 흰자 300g	100g
오렌지(레몬) 무스 크림		400g	160g, 흰자 200g	(A)50g (B)100g
밤 무스 크림		400g	흰자 500g	200g
밤 무스 바바루아 크림	400g	1000g(휘핑)	130g, 흰자 150g	60g
바닐라 무스 바바루아 크림	500g	500g(휘핑)	160g, 흰자 175g	50g, 포도당 가루 175g
크레뫼 또는 앙글레즈 크림 젤리		1000g	250g	150g
과일 크레뫼 또는 앙글레즈 크림 젤리			500g	200~300g
꿀 크레뫼 또는 앙글레즈 크림 젤리		750g	180g	꿀 150g

기타	전체 무게	만드는 방법
밀크잔두야 250g, 다크초콜릿(50%) 125g, 견과류 프랄리네 125g, 젤라틴 15g	1940g	우유, 노른자로 앙글레즈 크림을 만들고 밀크잔두야, 다크초콜릿, 견과류 프랄리네, 수화시킨 젤라틴에 부어 유화시킨다. 25~30℃까지 식혀 휘핑한 생크림을 넣고 섞는다.
화이트초콜릿(30%) 450g	1325g	생크림(A), 노른자, 설탕으로 앙글레즈 크림을 만들고 화이트초콜릿에 부어 유화시킨다. 25~30℃까지 식혀 휘핑한 생크림(B)를 넣고 섞는다.
배 주스 500g, 젤라틴 15g, 배 리큐르 50g	1213g	배 주스, 노른자로 앙글레즈 크림을 만들고 수화시킨 젤라틴을 넣어 녹인다. 25~30℃까지 식혀 배 리큐르, 휘핑한 생크림, 이탈리안 머랭을 차례대로 넣고 섞는다.
패션프루츠 퓌레(주스) 300g, 젤라틴 18g	1458g	생크림, 노른자, 설탕(A)로 앙글레즈 크림을 만들고 패션프루츠 퓌레, 수화시킨 젤라틴을 넣어 섞는다. 25~30℃까지 식혀 흰자, 설탕(B)로 만든 머랭을 넣고 섞는다.
캐러멜 소스 250g, 젤라틴 20g	1630g	위와 같음. • 캐러멜 소스: 물엿 100g, 설탕 150g을 카라멜리제하고 뜨거운 물 125g을 넣어 데퀴한다. 생크림 180g을 넣고 끓인다. (70%Brix)
오렌지 제스트 4개 분량, 젤라틴 12g, 쿠앵트로 30g	1000g	생크림, 노른자, 설탕(A), 오렌지 제스트로 앙글레즈 크림을 만들고 수화시킨 젤라틴, 쿠앵트로를 넣어 섞는다. 25~30℃까지 식혀 흰자, 설탕(B)로 만든 머랭을 넣고 섞는다.
젤라틴 24g, 밤 페이스트 600g, 럼 50g	1800g	생크림을 끓여서 수화시킨 젤라틴을 넣는다. 밤 페이스트에 럼을 섞어 부드럽게 만든 뒤 끓인 생크림을 조금씩 넣고 푼다. 30℃까지 식혀 흰자, 설탕으로 만든 머랭을 넣고 섞는다.
젤라틴 18g, 밤 페이스트 200g, 밤 크림 200g, 밤 분태 300g	2500g	우유, 노른자로 앙글레즈 크림을 만들고 수화시킨 젤라틴을 넣어 녹인다. 부드럽게 푼 밤 페이스트와 밤 크림에 넣고 섞는다. 30℃까지 식혀 부드럽게 휘핑한 생크림을 넣어 섞고 흰자와 설탕으로 만든 머랭, 밤 분태를 차례대로 넣고 섞는다.
바닐라 빈 2개, 젤라틴 14g	1600g	우유, 노른자, 설탕, 바닐라 빈으로 앙글레즈 크림을 만들고 수화시킨 젤라틴을 넣어 녹인다. 30℃까지 식혀 부드럽게 휘핑한 생크림을 넣어 섞은 뒤 흰자, 포도당 가루로 만든 머랭을 넣고 섞는다.
바닐라 빈 2개, 커피 원두 30g / 피스타치오 페이스트 80g / 다크초코릿(50%) 400g / 리큐르 80~100g / 꿀 100~150g / 오렌지 제스트 2개 분량 / 캐러멜 50~80g 중 선택, 젤라틴 10~14g	1500g	생크림, 노른자, 설탕, 바닐라 빈, 다양한 향재료로 앙글레즈 크림을 만들고 수화시킨 젤라틴을 넣고 녹여 식힌다. 틀에 바로 붓거나 부드럽게 풀어 사용한다.
과일 퓌레 800g, 젤라틴 8~10g 버터 300g	1500g	과일 퓌레, 노른자, 설탕으로 앙글레즈 크림을 만든 다음 수화시킨 젤라틴을 넣고 녹인다. 35~40℃까지 식혀 포마드 상태의 버터를 넣고 핸드블렌더로 섞는다.
젤라틴 10g	1100g	생크림, 노른자, 꿀로 앙글레즈 크림을 만들고 수화시킨 젤라틴을 넣어 녹인다. 핸드블렌더로 섞고 식혀 사용한다.

버터 크림

	버터	달걀	설탕	우유
이탈리안 머랭 버터 크림	500g	흰자 175g	350g	
파트 아 봄브 버터 크림	500g	노른자 250g / 달걀 200g + 노른자 60g 중 선택	300~400g	
앙글레즈 크림 버터 크림	500g	노른자 175g	250g	175g
앙글레즈 크림&이탈리안 머랭 버터 크림	500g	노른자 125g	125g	150g
라즈베리 버터 크림	버터 크림 500g			
아몬드 버터 크림	버터 크림 500g			
잔두야 버터 크림	500g			
견과류 버터 크림1	500g			
견과류 버터 크림2	500g			
밤 버터 크림	500g			생크림 300g (휘핑)
생크림을 더한 버터 크림	500g		300g 물엿 150g	생크림 500g

기타	전체 무게	만드는 방법
물 100g	1100g	흰자, 설탕, 물로 이탈리안 머랭을 만들고 포마드 상태의 버터와 섞어 휘핑한다.
물 100g, 바닐라 농축액	1100g	노른자, 설탕, 물로 파트 아 봄브를 만들고 포마드 상태의 버터, 바닐라 농축액을 넣고 휘핑한다.
	1100g	우유, 노른자, 설탕으로 앙글레즈 크림을 만들고 식을 때까지 휘핑한 다음 포마드 상태의 버터와 섞고 휘핑한다.
이탈리안 머랭 125g	1000g	우유, 노른자, 설탕으로 앙글레즈 크림을 만들어 식을 때까지 휘핑한 다음 포마드 상태의 버터와 섞어 휘핑한다. 이탈리안 머랭을 넣고 섞는다.
산딸기 150g	650g	부드러운 상태의 버터 크림에 산딸기를 넣고 섞는다.
아몬드 페이스트(50%) 750g, 그랑 마르니에 90g, 이탈리안 머랭 500g	1840g	아몬드 페이스트에 버터 크림을 조금씩 나눠 넣고 섞은 다음 그랑 마르니에, 이탈리안 머랭을 넣고 섞는다.
잔두야 400g, 이탈리안 머랭 300g, 아몬드 카라멜리제 200g	1400g	포마드 상태의 버터에 녹인 잔두야를 넣고 섞는다. 이탈리안 머랭, 잘게 부순 아몬드 카라멜리제를 차례대로 넣고 섞는다.
견과류 프랄리네 200g, 이탈리안 머랭 500g	1200g	포마드 상태의 버터에 견과류 프랄리네를 넣어 섞은 뒤 이탈리안 머랭을 넣고 섞는다.
견과류 프랄리네 500g, 이탈리안 머랭 750g, 파이테 푀이틴 300g	2050g	포마드 상태의 버터에 견과류 프랄리네를 넣어 섞은 다음 이탈리안 머랭, 파이테 푀이틴을 넣고 섞는다.
물 100g, 럼 100g, 밤 페이스트 1000g	2000g	끓인 물에 럼을 넣고 식힌다. 포마드 상태의 버터에 밤 페이스트를 넣고 부드럽게 푼 다음 식힌 물, 휘핑한 생크림을 넣고 섞는다.
바닐라 빈 4개 / 커피 농축액 50g / 피스타치오 페이스트 150g / 우유 150+카카오페이스트 150g 중 선택	1400g	생크림, 설탕, 물엿을 끓이고 식힌다. 포마드 상태의 버터와 섞고 향 재료를 첨가한다.

아몬드 크림

	버터	아몬드파우더	미분당	전분	달걀
아몬드 크림1	400~500g	500g	500g	50g	300g
아몬드 크림2(아몬드 페이스트)	400~500g	아몬드 페이스트 1000g		50g	400g
아몬드 크림3(아몬드 페이스트)	250g	아몬드 페이스트 500g		60g	400g
아몬드 크림4(생크림)	400g	500g	500g	50g	300g
아몬드 크림5(휘핑한 생크림)		500g	500g	100g	300~400g
프랑지판 크림	아몬드 크림 1000g				
프랑지판 크림(프티 푸용)	500g	500g	500g	40g	600g

크렘 브륄레

	우유	설탕	달걀	생크림
바닐라 크렘 브륄레	500g	150g	노른자 250g	500g
오렌지 크렘 브륄레		200g	노른자 250g	800g
피스타치오 크렘 브륄레	400g	125g	노른자 300g	600g
꿀 크렘 브륄레	400g	꿀 200g	노른자 250g	600g
초콜릿 크렘 브륄레	500g	160g	노른자 250g	500g
캐러멜 크렘 브륄레	500g	(A)75g, (B)100g, 물엿 20g	150~200g	
키슈 아파레유	500g		400g, 노른자 80g	500g
플랑 아파레유1	500g (생크림으로 대체 가능)	125g	노른자 200g	
플랑 아파레유2	500g	250g	400g	500g
브레드 푸딩 아파레유	500g	100g	175g	

기타	전체 무게	만드는 방법
럼 100g	1900g	부드럽게 푼 버터에 함께 체 친 아몬드파우더, 미분당, 전분을 넣어 섞고 달걀을 조금씩 나눠 넣으면서 섞는다. 럼을 넣고 섞는다.
럼 50g	2000g	아몬드 페이스트에 버터, 전분를 넣고 부드럽게 푼다. 달걀, 럼을 차례대로 넣고 섞는다.
럼 50g	1200g	아몬드 페이스트에 버터, 전분를 넣고 부드럽게 푼다. 달걀, 럼을 차례대로 넣고 섞는다.
생크림 300~600g, 럼(선택)	1700g	위와 동일. 마지막에 생크림을 넣고 섞는다.
생크림 500g(휘핑)	1900g	함께 체 친 아몬드파우더, 미분당, 전분에 달걀을 넣고 섞는다. 부드럽게 휘핑한 생크림을 넣고 섞는다. • 너무 많이 섞지 않도록 주의한다.
파티시에 크림 300g	1300g	모든 재료를 부드럽게 섞는다.
파티시에 크림 200g	2300g	버터, 아몬드파우더, 미분당, 전분, 달걀로 아몬드 크림을 만든 뒤 파티시에 크림을 넣고 부드럽게 섞는다. 프티 푸용 틀에 채워 180℃ 오븐에서 굽는다.

기타	전체 무게	만드는 방법
바닐라 빈 2개	1400g	우유, 설탕 1/2, 바닐라 빈을 끓여서 10분 동안 향을 우린다. 노른자, 남은 설탕, 생크림을 섞은 다음 체에 거른 끓인 우유를 넣고 섞는다. 용기 또는 틀에 넣고 100℃ 오븐에서 굽는다.
오렌지 제스트 2개 분량, 오렌지 주스 200g	1450g	생크림, 설탕 1/2, 오렌지 제스트를 끓여 10분 동안 향을 우린다. 노른자, 남은 설탕, 오렌지 주스를 섞고 끓인 오렌지 생크림을 넣고 섞는다. 용기 또는 틀에 넣고 100℃ 오븐에서 굽는다.
피스타치오 페이스트 150g	1575g	피스타치오 페이스트, 우유, 설탕 1/2을 끓인다. 노른자, 남은 설탕, 생크림을 함께 섞고 끓인 피스타치오 우유를 넣어 섞는다. 용기 또는 틀에 넣고 100℃ 오븐에서 굽는다.
	1450g	위와 동일.
코코아파우더 80g	1500g	우유, 설탕 1/2, 코코아파우더를 섞어 끓인다. 노른자, 남은 설탕, 생크림을 섞은 다음 끓인 초콜릿 우유를 넣고 섞는다. 용기 또는 틀에 넣고 100℃ 오븐에서 굽는다.
바닐라 빈 1/2개, 물 30g	875g	우유, 설탕(A), 달걀, 바닐라 빈을 끓여 10분 동안 향을 우린다. 설탕(B), 물엿, 물로 캐러멜 소스를 만든다. 용기 또는 틀 바닥에 캐러멜 소스를 붓고 그 위에 달걀 혼합물을 채워 100℃ 오븐에서 굽는다.
너트메그, 후추, 소금	1500g	모든 재료를 잘 섞는다. 너트메그, 후추, 소금으로 간을 한다.
옥수수 전분 40g, 바닐라 농축액	850g	노른자에 함께 섞은 설탕, 옥수수 전분을 넣어 섞는다. 우유를 조금씩 나눠 넣고 섞은 다음 바닐라 농축액을 넣고 섞는다. 타르트 셸에 부어 굽는다.
바닐라 농축액	1650g	모든 재료를 고루 섞어 타르트 셸에 붓고 굽는다.
바닐라 농축액, 브리오슈, 과일 절임 65g, 과일 콩피 65g, 살구잼 35g	1100g	우유, 설탕, 달걀, 바닐라 농축액을 섞는다. 용기 또는 틀에 붓고 브리오슈 조각, 과일 절임, 과일 콩피, 살구잼을 넣고 160℃ 오븐에서 굽는다.

파트 아 봄브

	달걀	설탕	물	생크림
파트 아 봄브 뒤르 *	노른자 또는 달걀 또는 노른자 + 달걀 250~800g	500g	160g	
파트 아 봄브 레제1 *	노른자 250g	시럽(60%) 500g		
파트 아 봄브 레제2	노른자 300g	400~500g		
마스카르포네 파페 크림	파트 아 봄브 뒤르 500g			500g(휘핑)
프로마주 블랑 파페 크림	파트 아 봄브 뒤르 500g			1000g(휘핑)
다크초콜릿 파페 크림1	달걀 300g 노른자 250g	280g	100g	1000g(휘핑)
다크초콜릿 파페 크림2	파트 아 봄브 뒤르 230g			500g(휘핑)
밀크초콜릿 파페 크림	파트 아 봄브 뒤르 230g			500g(휘핑)
화이트초콜릿 파페 크림	파트 아 봄브 뒤르 230g			500g(휘핑)
파페 레제 크림	파트 아 봄브 레제1 500g			800g(휘핑)
커피 파페 레제 크림	파트 아 봄브 레제1 500g			1000g(휘핑)
과일 파페 레제 크림	파트 아 봄브 레제1 700g			1000g(휘핑)
밤 파페 레제 크림	파트 아 봄브 레제1 300g			1000g(휘핑)
다크초콜릿 파페 레제 크림	파트 아 봄브 레제2 700g			500g(휘핑)
밀크초콜릿 파페 레제 크림	파트 아 봄브 레제2 700g			500g(휘핑)
화이트초콜릿 파페 레제 크림	파트 아 봄브 레제2 700g			500g(휘핑)

* 파트 아 봄브 뒤르(Pâtes à bombe dures):
단단한 파트 아 봄브. 시럽을 118~121℃까지 끓여서 휘핑한 노른자에 붓고 식을 때까지 휘핑해 완성한다.

기타	전체 무게	만드는 방법
	910~1460g	설탕, 물을 118~121℃로 끓이고 노른자는 휘핑한다. 시럽을 노른자에 부어 식을 때까지 휘핑한다. • 노른자 또는 달걀에 따라 텍스처가 확연히 달라지므로 표현하고자 하는 식감에 따라 재료를 선택한다.
	750g	시럽을 40℃까지 데워 노른자에 넣고 섞은 후 중탕으로 82~85℃까지 데우고 믹서볼에 옮겨 식을 때까지 휘핑한다.
우유 500g	1200~1300g	노른자, 우유, 설탕을 82~85℃까지 저어가며 가열한 다음 식을 때까지 휘핑한다.
마스카르포네 500g, 젤라틴 12g	1500g	파트 아 봄브 뒤르와 마스카르포네, 수화시켜 녹인 젤라틴을 넣어 섞는다. 휘핑한 생크림을 넣고 섞는다.
프로마주 블랑 1000g, 레몬 제스트 2개 분량, 젤라틴 25g	2550g	파트 아 봄브 뒤르, 프로마주 블랑, 레몬 제스트를 섞고 수화시켜 녹인 젤라틴을 넣고 섞는다. 휘핑한 생크림을 넣고 섞는다.
젤라틴 24g, 다크초콜릿(58%) 700g	2654g	달걀, 노른자, 설탕, 물로 파트 아 봄브 뒤르를 만든다. 수화시켜 녹인 젤라틴을 넣고 섞는다. 휘핑한 생크림 1/4을 녹인 다크초콜릿과 섞고 나머지 생크림과 섞는다. 파트 아 봄브 뒤르와 섞는다.
젤라틴 10g, 다크초콜릿(50%) 280g	1020g	파트 아 봄브 뒤르에 수화시켜 녹인 젤라틴을 넣고 섞는다. 휘핑한 생크림 1/4을 녹인 다크초콜릿과 섞은 뒤 나머지 생크림과 섞는다. 파트 아 봄브 뒤르와 섞는다.
젤라틴 12g, 밀크초콜릿(36%) 300g	1042g	위와 동일.
젤라틴 12g, 화이트초콜릿(30%) 370g	1112g	위와 동일.
리큐르 100g, 젤라틴 14g	1400g	파트 아 봄브 레제에 리큐르, 수화시켜 녹인 젤라틴을 차례대로 넣고 섞는다. 휘핑한 생크림을 넣고 섞는다.
커피 농축액 30g, 젤라틴 25g, 이탈리안 머랭 500g	2055g	파트 아 봄브 레제에 커피 농축액, 수화시켜 녹인 젤라틴을 차례대로 넣고 섞는다. 이탈리안 머랭, 휘핑한 생크림을 차례대로 넣고 섞는다.
젤라틴 25g, 과일 퓌레 500g	2225g	파트 아 봄브 레제에 수화시켜 녹인 젤라틴, 과일 퓌레 1/2을 차례대로 넣고 섞는다. 남은 퓌레와 휘핑한 생크림을 섞은 뒤 파트 아 봄브 레제와 섞는다.
젤라틴 18g, 밤 페이스트 600g, 위스키 150g, 마롱 글라세 300g	2368g	파트 아 봄브 레제에 수화시켜 녹인 젤라틴을 넣고 섞는다. 밤 페이스트에 위스키를 넣고 부드럽게 푼 다음 휘핑한 생크림, 파트 아 봄브 레제를 넣고 섞는다. 마롱 글라세를 넣고 섞는다.
젤라틴 15g, 다크초콜릿(50%) 375g	1590g	파트 아 봄브 레제와 수화시켜 녹인 젤라틴을 넣고 섞는다. 휘핑한 생크림 1/4을 40~45℃로 녹인 다크초콜릿과 섞는다. 남은 휘핑한 생크림, 파트 아 봄브 레제를 넣고 섞는다.
젤라틴 17g, 밀크초콜릿(36%) 375g	1592g	위와 동일.
젤라틴 18g, 화이트초콜릿(30%) 400g	1618g	위와 동일.

*** 파트 아 봄브 레제(Pâtes à bombe légères):**
가벼운 파트 아 봄브. 시럽과 노른자를 82~85℃까지 가열한 다음 식을 때까지 휘핑해 완성한다. 향을 우리는 작업에 유리하다.

가나슈 크림

	생크림	버터	설탕	초콜릿
다크초콜릿 가나슈1	400g	100g	물엿 또는 트리몰린 50g	다크초콜릿(50%) 500g
다크초콜릿 가나슈2(타르트용)	400g	140g	트리몰린 40g	다크초콜릿(50%) 360g
다크초콜릿 가나슈3(타르트용)	400g	75g		다크초콜릿(50%) 500g
다크초콜릿 가나슈4(타르트용)	500g	50g	물엿 또는 트리몰린 50g	다크초콜릿(58%) 400g
다크초콜릿 가나슈5(앙트르메, 프티 가토용)	63g, 우유 313g	125g	물엿 20g	다크초콜릿(58%) 500g
밀크초콜릿 가나슈1(타르트용)	200g	50g	물엿 20g	밀크초코릿(36%) 420g
밀크초콜릿 가나슈2(앙트르메, 프티 가토용)	460g			밀크초콜릿(36%) 500g
화이트초콜릿 가나슈1(타르트용)	200g	50g	물엿 20g	화이트초콜릿(30%) 420g
화이트초콜릿 가나슈2(앙트르메, 프티 가토용)	246g		물엿 26g	화이트초콜릿(30%) 500g
붉은 과일 가나슈				밀크초코릿(36%) 450g
산딸기 가나슈	160g	50g	80g	다크초콜릿(70%) 360g 밀크초콜릿(36%) 260g
다크초콜릿 가나슈 몽테	750g		35g	다크초콜릿(58%) 120g
밀크초콜릿 가나슈 몽테1	600g			밀크초콜릿(36%) 420g
밀크초콜릿 가나슈 몽테2	800g			밀크초콜릿(36%) 300g

기타	전체 무게	만드는 방법
	1050g	생크림, 버터, 물엿 또는 트리몰린을 함께 끓이고 다크초콜릿에 부어 유화시킨다. 핸드블렌더로 섞은 다음 식혀 보관한다.
솔비톨 30g	970g	생크림, 버터, 트리몰린을 함께 끓이고 솔비톨을 넣어 섞는다. 다크초콜릿에 부어 유화시킨다. 핸드블렌더로 섞은 뒤 식혀 보관한다.
	975g	위와 동일.
	1000g	위와 동일.
	1020g	생크림, 우유, 물엿을 함께 끓여 다크초콜릿에 붓고 유화시킨다. 식혀 포마드 상태의 버터를 넣고 섞는다.
	690g	생크림, 버터, 물엿을 함께 끓이고 밀크초콜릿에 부어 유화시킨다. 핸드블렌더로 섞은 후 식혀 보관한다.
	950g	밀크초콜릿에 끓인 생크림을 붓고 유화시킨다.
바닐라 빈 1개	690g	생크림과 물엿, 바닐라 빈을 함께 끓이고 화이트초콜릿에 부어 유화시킨다. 35~40℃까지 식혀 포마드 상태의 버터와 섞는다.
바닐라 빈 1개	780g	생크림과 물엿, 바닐라 빈을 함께 끓여 화이트초콜릿에 붓고 유화시킨다. 냉장고에서 12~24시간 동안 휴지시킨 다음 휘핑해 사용한다.
산딸기 75g, 블루베리 퓌레 150g, 그리오트 퓌레 600g, 젤라틴 13g	1300g	함께 끓인 산딸기, 블루베리 퓌레, 그리오트 퓌레에 수화시킨 젤라틴을 넣고 녹인 다음 밀크초콜릿에 부어 유화시킨다.
산딸기 퓌레 300g, 산딸기 리큐르 40g	1250g	데운 산딸기 퓌레와 설탕에 함께 끓인 생크림과 버터를 넣어 섞고 다크초콜릿, 밀크초콜릿에 부어 유화시킨다. 산딸기 리큐르를 넣고 섞는다.
카카오페이스트 40g	945g	다크초콜릿, 카카오페이스트에 함께 끓인 생크림과 설탕을 조금씩 나눠 넣으면서 유화시킨다. 식히고 냉장고에서 12~24시간 동안 휴지시킨 뒤 휘핑해 사용한다.
	1020g	밀크초콜릿에 끓인 생크림을 조금씩 나눠 넣어가며 유화시킨다. 식히고 냉장고에서 12~24시간 동안 휴지시킨 뒤 휘핑해 사용한다.
	1100g	밀크초콜릿에 끓인 생크림을 조금씩 나눠 넣어가며 유화시킨다. 식히고 냉장고에서 12~24시간 동안 휴지시킨 뒤 휘핑해 사용한다.

PROFILE

이민철

25세, '나의 인생을 스스로 개척해 보자'라는 다짐을 품고 무한한 가능성이 보이는 제과업계에 뛰어들었다. 에꼴 르노뜨르에서 좋은 스승을 만나 제과에 대한 기본기를 쌓았고 그 후 프랑스로 건너가 과자에 대한 넓은 시야와 안목을 기르며 이 일을 더욱 사랑하게 됐다. 뛰어난 실력과 섬세한 감각, 유행을 선도하는 트렌디함으로 정평이 난 그는 2008년부터 지금까지 에꼴 르노뜨르의 제과 강사로 활발히 활동하며 파티시에를 꿈꾸는 많은 사람에게 본인이 가진 비법들을 아낌없이 전하고 있다. 지난 13년의 세월 동안 에꼴 르노뜨르를 위해 달려온 이민철 셰프는 현재 본인과 가족을 위해 보다 가슴 떨리는 일을 꿈꾸고 있다.

2004년 에꼴 르노뜨르 제과 과정 수료
2005년 SIBA 소형 설탕공예 동상
2004~2006년 La Crème 근무
2007~2008년 Gérard Mulot, Le Bristol Paris, Le Grenier à Pain 근무
2008년 에꼴 페랑디 제과, 아이스크림, 초콜릿, 콩피즈리 과정 수료
프랑스 제과, 아이스크림, 초콜릿, 콩피즈리 자격증(CAP) 보유
2013년 SIBA 대형 초콜릿공예 동상
2008~現 에꼴 르노뜨르 책임 강사
인스타그램 www.instagram.com/lee.minchul

김이슬

의상 디자인을 공부하다 무작정 떠났던 도쿄. 우연히 크레이프 가게에서 일하게 되면서 제과에 대한 관심이 깊어졌다. 레시피에 따라 성실하게 만들면 맛있게 완성되는 제과의 정직함이 좋았고 작지만 아름다운 것을 실현하기 위해 쏟는 정성에 매력을 느껴 파티시에가 되기로 결심했다. 르 꼬르동 블루-숙명 아카데미와 에꼴 르노뜨르의 제과 과정을 수료한 뒤 한국과 프랑스의 현장에서 다양한 경험을 쌓았다. 배우고 경험한 것을 함께 나누는 것이 좋았으며 인재를 양성하는 것에 사명감을 가져 에꼴 르노뜨르의 제과 강사로 활동했다. 현재는 크레마주 제과 스튜디오를 운영하며 제과를 사랑하는 사람들과 교류하고 제과인 교육에 힘쓰고 있다.

2012년 르 꼬르동 블루-숙명 아카데미 제과 과정 수료
2013~2015년 그랜드 하얏트 서울, EJ 베이킹 스튜디오 근무
2016년 에꼴 르노뜨르 제과 과정 수료
2016~2020년 에꼴 르노뜨르 제과 강사
2016, 2018년 Lenôtre Paris, Le Pré Catelan
現 크레마주 제과 스튜디오 운영
인스타그램 www.instagram.com/cremage_official

SECRET OF 크림의 비밀
CREAM

저 자 | 이민철 · 김이슬
발행인 | 장상원
편집인 | 이명원

초판 1쇄 | 2021년 4월 1일
2쇄 | 2021년 4월 30일
3쇄 | 2022년 3월 7일
4쇄 | 2022년 10월 25일
5쇄 | 2023년 10월 20일

발행처 | (주)비앤씨월드 출판등록 1994.1.21 제 16-818호
주 소 | 서울특별시 강남구 선릉로 132길 3-6 서원빌딩 3층
전 화 | (02)547-5233 팩스 | (02)549-5235 홈페이지 | www.bncworld.co.kr
블로그 | http://blog.naver.com/bncbookcafe 인스타그램 | www.instagram.com/bncworld_books
진 행 | 박선아 사 진 | 이재희 디자인 | 박갑경

ISBN | 979-11-86519-42-4 13590